Informatik-Fachberichte 215

Herausgeber: W. Brauer
im Auftrag der Gesellschaft für Informatik (GI)

M. Bidjan-Irani

Qualität und Testbarkeit hochintegrierter Schaltungen

Qualitätssicherung durch regelbasierte Systeme

Springer-Verlag
Berlin Heidelberg New York
London Paris Tokyo Hong Kong

Autor

Mehrdad Bidjan-Irani
Universität/Gesamthochschule Paderborn, Fachbereich 17
Warburger Strasse 100, D-4790 Paderborn

CR Subject Classification (1987): B.1.3, B.2.3, B.3.4, B.4.5, B.5.3,
B.6.2, B.7.3, D.2.5, I.2.5, I.2.8

ISBN 3-540-51608-5 Springer-Verlag Berlin Heidelberg New York
ISBN 0-387-51608-5 Springer-Verlag New York Berlin Heidelberg

© Springer-Verlag Berlin Heidelberg 1989
Printed in Germany

Druck- und Bindearbeiten: Weihert-Druck GmbH, Darmstadt
2145/3140 – 543210 – Gedruckt auf säurefreiem Papier

Vorwort

Um beim Entwurf hochintegrierter Schaltungen einen hohen Grad an Qualität und Testfreundlichkeit zu erreichen, ist man gezwungen, sich nach prüftechnischen Entwurfsregeln zu richten.

Da der Überblick über die Einhaltung der Entwurfsregeln leicht verloren geht, werden geeignete automatische Werkzeuge zur Überprüfung der Schaltungen benötigt. Solche Werkzeuge müssen frühzeitig im Entwurfsablauf einsetzbar sein, damit testfreundliche Entwurfsdetails nicht unnötig lange irrtümlich verfolgt werden. Bei einem hierarchischen Entwurfsprozeß, der sich über mehrere Abstraktionsebenen erstreckt, werden diese Werkzeuge auf höheren Ebenen, und zwar auf der Registertransfer-Ebene eingesetzt, weil auf dieser Ebene erstmals Realisierungsstrukturen erkennbar sind.

In dieser Arbeit werden sowohl theoretische Überlegungen als auch ein implementiertes System vorgestellt. Das Thema der Untersuchungen ist die Entwicklung eines Werkzeugs, das es erlaubt, den Entwurf frühzeitig auf die Einhaltung 'beliebiger' prüftechnischer Entwurfsregeln hierarchisch zu überprüfen. In dieser Arbeit werden die Regeln behandelt, die auf der Registertransfer-Ebene von Bedeutung und überprüfbar sind.

Die vorliegende Arbeit entstand im Fachbereich 17 für Mathematik und Informatik der Universität/Gesamthochschule Paderborn und wurde vom Fachbereich als Dissertation mit dem Titel "Regelbasierte Systeme zur Sicherstellung der Entwurfsqualität hochintegrierter Schaltungen und Systeme" angenommen.

An dieser Stelle möchte ich allen danken, die mir bei dieser Arbeit geholfen haben.

Herrn Prof. Dr. Franz J. Rammig bin ich für die Betreuung dieser Arbeit und seine wertvollen Anregungen zu großem Dank verpflichtet. Ihm verdanke ich auch einen großen Forschungsfreiraum und eine sehr förderliche Arbeitsumgebung.

Herrn Prof. Dr. W. Hauenschild danke ich für die Übernahme des Korreferats und für nützliche Hinweise, die zur Abrundung der Arbeit beigetragen haben.

Paderborn, Juni 1989   Mehrdad Bidjan-Irani

Inhaltsverzeichnis

Kapitel 1

Einleitung

Fortschritte in der VLSI-Technologie haben eine große Steigerung der Komplexität von Halbleiterchips zur Folge. Ganze Systeme können nun in einen einzigen Chip integriert werden. Die Entwicklung der Technik zum Entwurf und zur Herstellung integrierter Schaltkreise ist dadurch gekennzeichnet, daß die Programme zum Entwurf und zur Verifizierung der raschen Entwicklung der Halbleitertechnologie nicht folgen können. Es bestehen Engpässe sowohl bei der Simulation von Schaltkreisen als auch bei ihrer Verifikation. Als wahrscheinlich gravierendster Engpaß in der VLSI-Welt hat sich seit einigen Jahren der Bereich "Test" herausgestellt. Gerade die hochkomplexen Schaltkreise und Systeme, welche besonders anfällig für technologische Fehler sind, lassen sich nach der Fertigung nur sehr schwer prüfen.

Dadurch ist die Ausbeute, d.h. der Anteil fehlerfrei gefertigter Chips, auf nur wenige Prozent abgesunken, was jedoch eine Verschlechterung der Qualität mit sich bringt. Immer mehr physikalisch-chemische Defekte, Unreinheiten und Ungenauigkeiten an den bei der Herstellung verwendeten Materialien und Geräten machen sich bei den zunehmend feineren Strukturen als Funktionsfehler der integrierten Schaltungen bemerkbar. Diese Anfälligkeit ist nicht auf die Herstellung beschränkt, sondern wirkt sich auch im Betrieb der Schaltungen aus.

Im Gegensatz zu den annähernd stabilen Herstellungskosten erhöhen sich die Prüfkosten für hochintegrierte Bausteine mit zunehmender Komplexität. Zwei Ursachen sind hierfür verantwortlich. Zum einen nimmt die Gatteranzahl pro Baustein zu. Zum anderen erniedrigt sich die Anzahl der Anschlußstifte pro Gatter. Da ein Baustein nur über externe Anschlüsse geprüft werden kann, folgt daraus ein Anwachsen der Anzahl der internen Zustände, die bei einer Prüfung zu durchlaufen sind. Deshalb steigt der Prüfaufwand. Man spricht von einer Zunahme der *logischen* und *sequentiellen* Tiefe. So sind für ein Schaltwerk $2^{(n+m)}$ Testmuster notwendig, um alle m Zustände bei n Eingangsvariablen zu überprüfen, falls keine geeignete Strategie zur Reduktion vorliegt. Bei einem Mikroprozessor mit 25 Eingängen und 50 Zuständen würde die notwendige Testmusteranzahl für einen vollständigen Test $2^{(25+50)}$ betragen. Ein Tester mit 10-MHz Zykluszeit würde dazu 10^8 Jahre benötigen.

Kapitel 2

Zielsetzung und Vorgehensweise

Hochintegrierte Schaltungen und Systeme werden ständig komplexer, d.h., ihre Funktionsvielfalt und Funktionsvernetzung nehmen zu. Die Realisierung dieser Systeme ist daher mit steigenden technischen und wirtschaftlichen Risiken verbunden. Nach [BENN84] betragen die Testkosten teilweise mehr als 50% der Gesamtherstellungskosten. Trotz der relativ hohen Kosten kann man auf das Testen nicht verzichten. Bei der Herstellung von digitalen Bauelementen und Systemen ist das Testen das wichtigste Hilfsmittel zur Qualitätssicherung.

Die meisten Fehler, Unzulänglichkeiten und Qualitätsmängel solcher Systeme haben ihre Wurzel in den frühen Phasen des Entwurfs. Es ist daher notwendig, noch in der Entwurfsphase durch geeignete Mittel die möglichen Entwurfsschwächen zu erkennen, um auf diese Weise Frühindikatoren für die Qualität des späteren Endproduktes zu gewinnen.

Zur Stellung einiger Anforderungen an solche geeignete Mittel müssen zunächst die Anforderungen an die Qualität bestimmt sein. Aber Qualität ist oft schwer definierbar und nicht meßbar.

Diese Arbeit enthält als Schwerpunkt:

- eine Aufstellung qualitätsbestimmender Merkmale für hochintegrierte Schaltungen und Systeme,[1]

- eine präzise Analyse des Qualitätsmerkmals "Testbarkeit" und die Angabe der eventuellen Techniken ihrer Kontrolle,

- die Vorstellung vom Konzept eines regelbasierten Systems zur Kontrolle der Einhaltung der Qualitätsmaße.

Die Terminologie bezüglich der mit dem Entwurf verbundenen Tätigkeiten und Ergebnisse ist nicht eindeutig oder genormt. Daher ist es wichtig, eine für die vorliegende Arbeit brauchbare Nomenklatur festzulegen. Das Entwerfen gehört zu den nicht vollständig beschreibbaren menschlichen Aktivitäten, deren Wurzeln im Unterbewußtsein liegen. Dennoch gibt es eine Reihe von beschreibbaren Entwurfsprinzipien, die beim Entwerfen von Hardwaresystemen zum Einsatz kommen und in Kapitel 3 kurz geschildert werden.

Entwurfsaufwand und -qualität hängen in starkem Maße von den verwendeten Entwurfsverfahren ab; diese werden – soweit nötig – kurz umrissen.

---

[1]Dieser Punkt stellt in seiner Form erstmalig eine ausführliche Einführung in die Problematik der Entwurfsqualität, speziell bei der Hardware, und in die Zusammenhänge der negativen und positiven qualitätsbeeinflussenden Merkmale dar. Er soll gleichzeitig einem besseren Verständnis der Problematik dienen.

Schließlich ist der Entwurf eines Systems nicht frei von Schwierigkeiten und Problemen. Erst ihre genaue Kenntnis gestattet es, Rückschlüsse auf die qualitativen Merkmale von entwurfs- und qualitätsunterstützenden Systemen zu ziehen.

Die Qualität integrierter Schaltungen und Systeme hängt eng mit seiner Komplexität zusammen: Mit zunehmender Komplexität des Endproduktes steigt auch die Gefahr des Qualitätsverlustes durch Schwierigkeiten bei Entwurf und Entwicklung. Auf diesen Zusammenhang wird in Kapitel 4 eingegangen.

Das fünfte Kapitel führt in das Testen von integrierten Schaltungen und Systemen, seine Rolle und Einsatzmöglichkeiten im Entwurfsprozeß und seine Komplexität ein.

Die Berücksichtigung der Testbarkeit bei der Entwicklung eines Moduls ist aus zwei Gründen wichtig:

a) Das Modul muß mit den zur Verfügung stehenden Mitteln überhaupt testbar sein

b) Die Testkosten sind ein wichtiger Faktor für eine kosteneffektive Produktion.

Dem Begriff 'Testbarkeit' wird das Kapitel 6 gewidmet.

Testbarkeit setzt die Berücksichtigung der Testfreundlichkeit bzw. Testbarkeitsregeln beim Entwurf voraus (Design For Testability). In Kapitel 7 werden die existierenden Testbarkeitsregeln vorgestellt, untersucht und bezüglich der unterschiedlichen Gesichtspunkte klassifiziert.

Da der Überblick über die Einhaltung der Testbarkeitsregeln leicht verloren geht, werden geeignete automatische Werkzeuge zur Überprüfung der Schaltungen benötigt. Kapitel 7 gibt außerdem einen kurzen Überblick über die schon existierenden Konzepte bezüglich dieser Problematik und über ihre Vor- und Nachteile.

Alle diese Werkzeuge bringen im Zusammenhang mit der heutigen Technologie einige Einschränkungen mit sich. Aus diesem Grunde werden in Kapitel 8 neue gezielte Anforderungen für ein solches System gestellt.

Schwerpunkt der vorliegenden Arbeit ist ein neues Konzept eines regelbasierten Systems zur Überprüfung der Schaltungen bezüglich der Einhaltung der Testbarkeitsregeln mit der Berücksichtigung der in Kapitel 8 vorgestellten Anforderungen. In Kapitel 9 werden zunächst andere bekannte Verfahren mit ähnlicher Zielsetzung vorgestellt. Daraufhin werden die notwendigen Fachausdrücke dieses Gebiets erläutert.

In Kapitel 10 werden die Systemspezifikation und die Bestandteile des Prototyps und im anschließenden Kapitel 11 wird seine Implementierungsbesonderheiten vorgestellt.

Zum Schluß wird als Ausblick auf weitere Forschungsthemen hingewiesen, die im Zusammenhang mit dem vorgestellten Kontrollsystem in Zukunft noch zu vertiefen sind.

Kapitel 3

Entwurf integrierter Schaltungen und Systeme

Hochintegrierte Systeme sind industrielle Produkte, an deren Erstellung mehrere Personen beteiligt sind und die in mehreren Versionen produziert und ausgeliefert werden. Eine kontrollierbare und durch den Einsatz der Technik geprägte Herstellung dieser Systeme ist wirtschaftlich nur möglich, wenn der Erstellungsprozeß sachlich und zeitlich strukturiert wird. Diese Strukturierung wird in der englischen Literatur mit *life cycle,* in der deutschen Literatur in der Regel mit *Phasenkonzept* (oder *Lebenszyklus)* bezeichnet. Beim Phasenkonzept wird die gesamte Lebensdauer eines Systems in aufeinanderfolgende Abschnitte (Phasen) unterteilt. Die Phasenenden werden im allgemeinen als Meilensteine bezeichnet, bei deren Erreichen vorher definierte und überprüfbare Ergebnisse erzielt worden sein müssen. Die folgende Abbildung zeigt ein Phasenkonzept für den Erstellungsprozeß der hochintegrierten Bausteine.

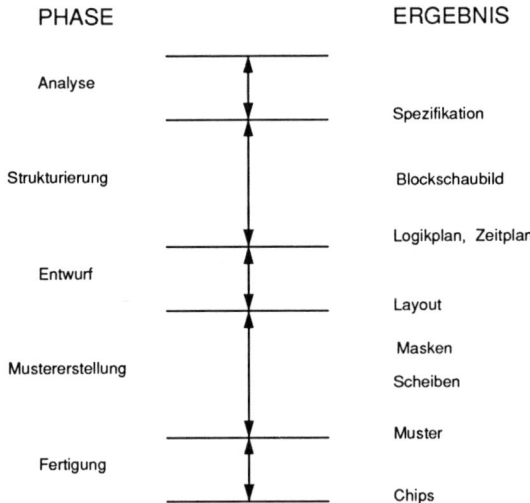

Abbildung 3.1: Phasenkonzept für die Chip-Erstellung

Das Ergebnis der Analysephase ist nach diesem Modell die Spezifikation des Chips, d.h. eine Beschreibung seiner Funktionen, seiner Schnittstellen nach außen und die Festlegung von statischen und dynamischen Kenndaten. In der Phase der Strukturierung wird der Baustein in Funktionseinheiten zerlegt, und ihre Schnittstellen werden definiert. Das Zwischenergebnis ist das Blockschaltbild, aus dem der Logikplan und der Zeitplan abgeleitet werden: eine Beschreibung des Stromlaufs und der Zeitdiagramme. Der Logikplan bildet die Basis für die technologie- und funktionsgerechte Topographie der Schaltung: das Layout. Alle weiteren Arbeitsschritte und -ergebnisse treten nicht mehr in Form von Beschreibungen und Plänen auf, sondern sind schon Teile des späteren Produkts.

3.1 Entwurfsverfahren

Der Entwurf hochintegrierter Systeme ist eine zielgerichtete Problemlösungsaktivität, bei der wissenschaftliche Prinzipien, technische Information und Imaginationsvermögen zum Einsatz kommen. Zur Verringerung der Komplexität der Problemstellung bedient man sich der Dekomposition, der Abstraktion und der Idealisierung im Sinne von Vereinfachung. Durch Dekomposition wird die Problemstellung in Teilprobleme zerlegt, und es werden nur die für den aktuellen Lösungsschritt notwendigen Informationen und Randbedingungen beachtet. Abhängig von Abstraktions- und Formalisierungsgrad lassen sich hier zwei Methoden unterscheiden.

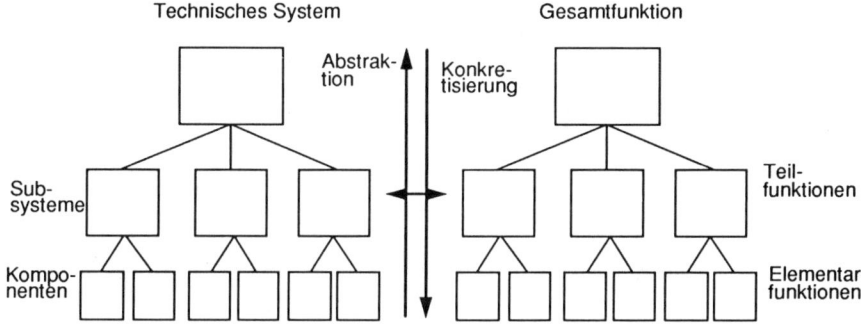

Abbildung 3.2: Technisches System als Ergebnis eines Abbildungsprozesses

Bei der Top-Down-Methode beginnt man auf der höchsten Abstraktionsebene und kommt durch Zerlegung und Konkretisierung, also durch schrittweise Verfeinerung, zu Elementarfunktionen, deren Kombination das dargestellte Problem löst. Im Gegenteil dazu wird bei der Bottom-Up-Vorgehensweise von einem Satz Basisfunktionen ausgegangen. Durch fortgesetzte Abstraktion erreicht man schließlich eine Zusammenfassung jener Funktionen, die den Anforderungen an das System genügen. In der Praxis läuft das meistens auf die Verwendung von Standardkomponenten oder die Bildung von mehrfach verwendbaren Modulen hinaus. Die geschilderten Zusammenhänge sind in der obigen Abbildung idealisiert dargestellt.

Bei Entwurfsentscheidungen werden als Entscheidungshilfe besonders zwei Prinzipien herangezogen: das Prinzip der Hierarchisierung und der Modularisierung.

Bei den Strukturierungsmöglichkeiten der Komponenten wählt man in der Regel eine Rangordnung der Elemente, die sich in einer baumartigen Struktur niederschlägt, d.h., man wählt von den vielen Anordnungsmöglichkeiten eine solche aus, die sich in der Natur bereits bewährt hat. Unabhängig von diesem Prinzip strebt man gleichzeitig eine Modularisierung an: Man versucht, Funktionen zu zerlegen oder zusammenzufassen, so daß sich abgeschlossene funktionale Einheiten (Subsysteme) mit möglichst wenig Schnittstellen nach außen bilden.

Für den Entwurf und die Beschreibung von Computer-Hardware existiert eine Reihe von Sprachen. Sie lassen sich – wie in der folgenden Abbildung verdeutlicht – verschiedenen Abstraktionsebenen und spezifischen Beschreibungsaspekten zuordnen.

Die fette Linie in der Abbildung kennzeichnet, für welche Abstraktionsebene die Sprache besonders geeignet ist.

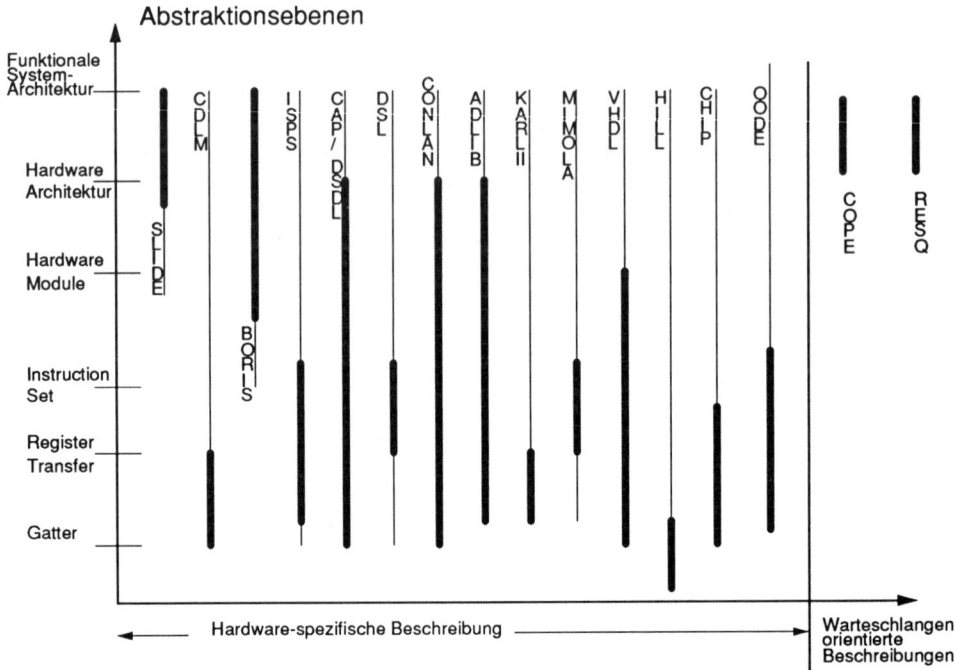

Abbildung 3.3: Einige Entwurfs- und Beschreibungssprachen für Hardwaresysteme

SLIDE: Structured Language for Interface Description and Evaluation [PARK81]

CDLM: Computer Design Language/Version Munich [HAHN83]

BORIS: Block-orientiertes Interaktives Simulationssystem [DECK84]

ISPS: Instruction Set Processor Specification [BARB79]

CAP/DSDL: Concurrent Algorithmic Programming Language [RAMM81]

DSL: Spezifikation Digitaler Schaltungen [CAMP84]

CONLAN: Consensus Language [PILO83]

ADLIB: A Design Language for Indicating Behavior [HILL79]

KARL II: KAiserslautern Register transfer Language [HART77]

MIMOLA: Machine Independent MicrOprogramming LAnguage [MARW84]

VHDL: VHSIC Hardware Description Language [LIPS86]

HILL: Hierarchical Layout Language [LENG84]

CHIP: Constraint Handling In Prolog [SIMO87]

OODE: Object Oriented Description Environment for Computer Hardware [TAKE81]

COPE: Computer Performance Evaluator [MAET82]

RESQ: Research Queuing Package [SAUE82]

Hardware-Entwurfssprachen gibt es seit Mitte der 60er Jahre; die meisten stammen aus dem aka-demischen Bereich und sind zu didaktischen Zwecken entwickelt worden.

Die Hardware eines Systems läßt sich auf verschiedenen Abstraktionsebenen beschreiben. Elemen-tareinheiten heutiger Rechner sind Transistoren, Schaltkreise und Gatter, gefolgt von Registern, mit deren Hilfe Transferoperationen ausgeführt werden können. Aus diesen Elementen lassen sich durch Kombination komplexe Strukturen bzw. höherwertige Operationen realisieren. Abstrahiert man das Hardware-Verhalten auf das Ein- und Ausgabeverhalten des Gesamtsystems, so erhält man die funktionale Systemarchitektur. Es gibt keine allgemein akzeptierte und eindeutige Festlegung der verschiedenen Ebenen; die Übergänge zwischen ihnen sind fließend.

Die meisten Entwurfssprachen decken nicht alle Abstraktionsebenen ab, sondern haben eine Aus-richtung auf einen bestimmten Zweck und damit auf eine bestimmte Abstraktionsebene. Diese Sprachen zielen überwiegend schwerpunktmäßig auf die Registertransfer-Ebene (RT-Ebene).

So ist SLIDE etwa eine Sprache speziell zur Beschreibung von Ein-Ausgabe-Hardware und Schnitt-stellen. Sie erlaubt die Beschreibung von asynchronen parallelen Prozessen. Während CDLM eine Entwurfssprache ist, die schwerpunktmäßig auf die RT-Ebene zielt, bietet BORIS eine PASCAL-ähnliche Beschreibungssprache für diskrete Systeme, läßt also sowohl die Beschreibung von Hardware- als auch von Softwaresystemen zu. ISPS ist eine prozedurale Sprache zur Beschreibung vom Verhal-ten der Hardware auf der RT-Ebene. CAP/DSDL bietet Mittel zur Beschreibung und Simulation von Soft- und Hardwaresystemen, von der Architekturebene abwärts, mit dem Schwerpunkt auf der RT-Ebene. Dagegen ist DSL vor allem durch seine Fähigkeit zur Synthese von Digitalschaltungen gekennzeichnet.

CONLAN stellt eigentlich eine Familie von Sprachen dar, mit deren Hilfe Struktur und Verhalten von Rechnerhardware beschrieben werden. Charakteristika der Sprachfamilie mit derzeit zwei reali-sierten Mitgliedern sind: Erweiterbarkeit und Konsistenz von Syntax und Semantik ihrer Mitglieder. ADLIB ist eine Sprache zur Modellierung von Hardware auf mehreren Ebenen (von der Architektur bis hin auf Gatterebene).

Im Gegensatz zu vielen anderen Sprachen erlaubt die Registertransfer-Sprache KARL II auch ohne feste Transformationsregeln eine eindeutige Abbildung zu Funktionsblöcken in der Hardware.

MIMOLA unterstützt die automatische Generierung von Selbsttest-Programmen für mikroprogram-mierbare Prozessor-Systeme auf der RT-Ebene. VHDL wendet die Ada-Sprachkonstrukte zur Ent-kapselung der Technologieabhängigkeiten an.

HILL ist eine PASCAL-ähnliche Spezifikationssprache zur Beschreibung und Generierung von Lay-outs auf dem symbolischen Niveau. CHIP basiert auf der logischen Programmierung und ist für die Simulation, symbolische Verifikation, Fehlerdiagnose und Testgenerierung auf Gatter- und Registertransfer-Ebene geeignet.

Aus dem oben skizzierten Rahmen fällt die Hardware-Spezifikationssprache OODE, die einen ob-jektorientierten Sprachansatz darstellt. Sie basiert auf Modulstruktur. Jedes Modul wird aus drei Sichten – Verhalten, Struktur und Konzept – beschrieben. Hier stehen vor allem abstrakte Daten-typen und der Austausch von Nachrichten zur Verhaltensbeschreibung im Vordergrund.

Während die bisher aufgeführten Entwurfssprachen eher hardwarespezifisch sind, handelt es sich bei COPE und RESQ um Warteschlangen-orientierte Beschreibungssprachen. COPE dient zur Model-lierung und Leistungsanalyse von Hard- oder Softwaresystemen. Das Modell repräsentiert sich als

Warteschlangennetzwerk, ähnlich wie bei RESQ. Bei beiden Entwurfssprachen können analytische und simulationsorientierte Lösungsverfahren angewendet werden.

3.2 Entwurfsprobleme

Die beim Systementwurf auftretenden Probleme lassen sich in vier Klassen einteilen: Unvollständigkeit der Information, Kommunikationsprobleme, Abstraktheit der Entwurfsergebnisse und technische Durchführungsprobleme. Die Gewichtung der Probleme kann je nach Art des technischen Systems sehr unterschiedlich sein. Die vollständige Beschreibung der Funktion eines Kraftwerks (Bereitstellung einer bestimmten elektrischen Leistung, bei einer festgelegten Spannung) ist relativ einfach, während der Entwurf sehr kompliziert ist. Umgekehrt liegt meist der Fall bei Rechensystemen: Ihre Funktionen werden oft unvollständig oder ungenau formuliert; ihr Entwurf wird eher durch die unklare Zielsetzung als durch technische Probleme kompliziert. Wünschenswert ist also, daß jede einzelne Anforderung verständlich formuliert und überprüfbar ist; während die Gesamtheit der Anforderungen vollständig, widerspruchsfrei und mit Bezug auf die Einzelanforderungen untereinander sein muß. Daß diese Forderungen sehr selten erfüllt sind, liegt vor allem an den bei der Formulierung beteiligten Personengruppen.

Die am Formulierungsprozeß beteiligten Personengruppen bringen sehr differenzierte geistige Voraussetzungen mit. Darüber hinaus sind die mit der Formulierung verbundenen Ziele auch sehr unterschiedlich. Die Formulierung, also die modellhafte Beschreibung des Zielsystems, bedeutet für die Nutzergruppe vor allem die Bewältigung einer Abstraktionsaufgabe: Ausgehend von Wünschen und Vorstellungen müssen Funktionen formuliert werden. Relativ vage Ideen über das Zielsystem müssen präzisiert werden; für die Nutzergruppe selbstverständliche Gegebenheiten dürfen nicht weggelassen werden, sondern müssen objektiv, d.h. standpunktunabhängig formuliert werden.

In den klassischen Hardware-Disziplinen greift man auf konkrete Modelle oder Prototypen zurück; nicht nur um Machbarkeitsüberlegungen anstellen zu können, sondern auch um die Systemrealisierung nicht auf der Basis unvollständiger Informationen beginnen zu müssen. Mit Hilfe einer vorläufigen Version des Zielsystems können Teilleistungen demonstriert und damit Anforderungen präzisiert werden. Allerdings sind solche Prototypen in der Regel teuer und zeitraubend und können somit oftmals nicht als Mittel zur Aufdeckung der Unvollständigkeit der Information dienen.

Technische Leistungen sind meistens das Ergebnis von einer Kooperation. Die Zusammenarbeit setzt aber Kommunikation voraus. Fachwissen und technisches Wissen werden von sehr unterschiedlichen Personengruppen repräsentiert; eine problemlose Kommunikation darf also von vornherein nicht unterstellt werden. Tatsächlich ist bei dem Entwurf von Systemen das Kommunikationsproblem ein Schlüsselproblem. Die inhärente Mehrdeutigkeit natürlicher Sprache und die Komplexität technischer Prosabeschreibungen erschweren den Kommunikationsprozeß. Daher ist etwa die Überprüfung eines Anforderungskatalogs oder die Beurteilung einer Leistungsbeschreibung eine schwierige Aufgabe. Das Aufdecken von Informationslücken, das Erkennen von Mißverständnissen anhand von natürlicher Sprache setzen etwas letztlich kaum Erreichbares voraus: eine bei allen Beteiligten gleiche Syntax und Semantik der Sprache. Erschwert wird diese Situation noch zusätzlich dadurch, daß der Mensch aufgrund von Anschauungen und Werturteilen zu systematischen Kommunikationsfehlern neigt.

Eine weitere Schwierigkeit im Entwurfsprozeß bildet die Abstraktheit der Entwurfsergebnisse [MORG 85]. Diese Abstraktheit erschwert nicht nur der späteren Nutzergruppe, sondern etwa auch dem Projektmanagement, Arbeitsfortschritte bewerten zu können. Arbeitsergebnisse repräsentieren sich dann ausschließlich durch Information, was die Überprüfbarkeit der Qualität der Arbeitsergebnisse für den Nichtspezialisten erschwert.

Viele historisch gewachsene technische Disziplinen verfügen über eine allgemein akzeptierte Darstellungstechnik von Entwurfsergebnissen, die auch dem technischen Laien verständlich ist (z.B. der Bauplan eines Hauses); der Erfahrungshorizont ermöglicht es, die Qualität der Vorlage zu beurteilen.

Zur Repräsentation von Entwurfsergebnissen kommen außer der verbalen Informationsdarstellung mittels natürlicher Sprache auch bildliche Darstellungstechniken zum Einsatz. Im Prinzip lassen sich dabei drei Arten unterscheiden:

1) abstrakte Techniken, bei denen graphische Zeichen verwendet werden, deren Bedeutung variieren kann (z.B. Bäume, Netze),

2) symbolische Techniken, die Zeichen mit genau definierter Bedeutung benutzen (z.B. elektrische Schaltpläne),

3) ikonische Techniken, die auf einer direkten Assoziation zwischen Objekt und Symbol für das Objekt beruhen (z.B. maßstäbliche Modelle).

Zur Beschreibung von Entwurfsergebnissen macht man von allen aufgeführten Repräsentationsarten Gebrauch. Allerdings müssen die Mittel zur bildlichen Darstellung technischer Systeme bestimmte Basisprinzipien des Entwurfs unterstützen: Abstraktion, Verfeinerung, Modularisierung usw. Sie müssen es erlauben, Beziehungen zwischen Komponenten, die später das System bilden, sichtbar zu machen. Daher spielen Netzwerke zur Darstellung von Entwurfsergebnissen in den meisten Ingenieurdisziplinen eine große Rolle.

Bei der Beurteilung von Beschreibungstechniken lassen sich systemorientierte und anwendungsorientierte Kriterien unterscheiden. Die wichtigsten systemorientierten Beurteilungskriterien sind Homogenität, Referenzierbarkeit und Komplexität. *Homogenität* bedeutet in diesem Zusammenhang die Einheitlichkeit der Betrachtungsweise einer Darstellung. *Referenzierbarkeit* beschreibt die Möglichkeit der Verkettung von Darstellungselementen oder Darstellungen untereinander und zwischen mehreren Systemebenen. *Komplexität* bedeutet die Anzahl der verschiedenartigen Darstellungselemente und ihre Beziehungen untereinander.

Aus dem Blickwinkel der Benutzung von Beschreibungstechniken läßt sich eine Reihe von anwendungsorientierten Beurteilungskriterien ableiten. Neben den wichtigsten Kriterien Erlernbarkeit und Verständlichkeit spielen gerade bei computerunterstützten Verfahren die Aspekte Implementierungs- und Änderungsaufwand eine große Rolle. Die Gewichtung der aufgezeichneten Beurteilungskriterien ist abhängig vom Einsatzfall und vom aktuellen Benutzerkreis.

Schließlich birgt der Entwurf arbeitstechnische Probleme. So setzt etwa der Top-Down-Entwurf eine vollständige Beschreibung des gewünschten Systems voraus, die nicht immer vorliegt. Aber selbst bei vollständiger Information berücksichtigt der Entwerfer bei seinen Entwurfsentscheidungen – bewußt oder unbewußt – die ihm bekannten Elementarfunktionen. Auf diese Weise wird die technische Lösung unnötig früh eingeschränkt und die Mehrfachverwendbarkeit von Teilsystemen oder Komponenten verhindert. Zudem verleitet die Top-Down-Methode dazu, Entwurfsentscheidungen vor sich her zu schieben.

Die geschilderten Probleme zeigen, daß der Entwurf von Rechensystemen eine schwierige Aufgabe ist. Die aufgezeigten Schwierigkeiten sind auch der Grund dafür, daß die meisten Fehler im Lebenszyklus eines Systems in der Entwurfsphase gemacht werden. Abb. 3.4 zeigt diesen Sachverhalt.

Der Aufwand für die Fehlerbehebung ist umso größer, je später der Fehler entdeckt wird; daher kommt einer möglichst frühen Fehleraufdeckung große Bedeutung zu. Als Arten der Fehleraufdeckung lassen sich Validierung und Verifikation unterscheiden.

Validierung bedeutet die Prüfung der Anwendbarkeit einer Problemlösung in ihrer Umwelt; es wird also die Tauglichkeit nachgewiesen.

Verifikation ist eine Prüfung von realisierten Systemkomponenten gegenüber ihrer Spezifikation; es wird also die Korrektheit nachgewiesen.

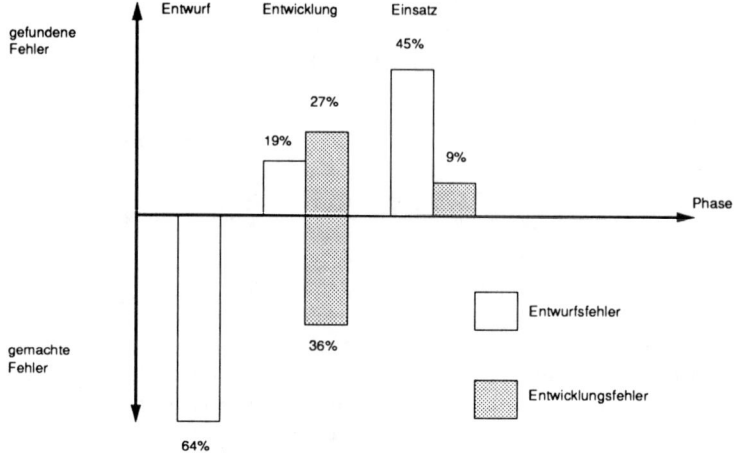

Abbildung 3.4: Fehlerbehebungsaufwand ([HÖRB87])

Kapitel 4

Qualität integrierter Schaltungen und Systeme

Bei der Entwicklung höchstintegrierter Schaltungen gewinnen automatische Entwurfsverfahren eine immer größere Bedeutung. Entwurfssysteme, für die sich Begriffe wie Chip-Assembler oder Silicon-Compiler herausgebildet haben, sollen einen weitgehend funktionsorientierten Entwurf ermöglichen und ein Minimum an technologischem Spezialwissen erfordern.

In der heutigen auf Wettbewerb eingestellten Welt ist die Produktivität für das Überleben einer Industrie genauso wichtig wie für eine ganze Nation. Der Zuwachs der Produktivität wurde ein konstantes Ziel unserer Gesellschaft. Es müssen mehr Produkte mit größerem Wert aber gleichzeitig mit niedrigeren Kosten und besserer Qualität geschaffen werden. Qualität selbst hat die Zuverlässigkeit und die Kosteneffektivität zur Folge, und die Qualitätssicherung verläßt sich auf die Testbarkeit und die Haltbarkeit. Die Industrie soll mehr motiviert sein und mehr Einrichtungen zur Erhöhung der Qualität einsetzen.

4.1 Qualitätsbegriffe

Die Qualitätssicherung ist zum einen zuständig für die Materialkontrolle (Werkstofftechnik, Wareneingangskontrolle, ...) und zum anderen für die Qualitätsplanung für alle Phasen, in denen ein Produkt entsteht (von der Konzeption bis zur Fertigung). Qualität wird hier definiert als "die exakte Erfüllung der Anforderungen". Auch Prüffelder für Bauelemente, Baugruppen und Systeme sind Bestandteil der Qualitätssicherung.

Ziel der Qualitätsanforderung ist die Gewährleistung der Funktionsfähigkeit der Bausteine im Betrieb. Die Qualität solcher Produkte wird durch folgende Faktoren bestimmt: Entwurfsqualität, Fertigungsqualität, Auslieferungsqualität und Betriebsqualität [GERN88].

Eine hohe *Entwurfsqualität* bedeutet die Vermeidung möglichst aller Entwurfsfehler. Die Entwurfsqualität wird demnach bestimmt von der Sorgfalt des Entwicklers und der Güte des verwendeten Entwurfssystems. Eine Sicherung der Entwurfsqualität läßt sich durch Schaltungssynthese, Schaltungsanalyse und Entwurfsmethodik unterstützen. Eine schlechte Entwurfsqualität erfordert oft kostspielige Redesigns.

Eine hohe *Fertigungsqualität* bedeutet die Vermeidung möglichst aller Fertigungsfehler. Dies ist in der Praxis jedoch nicht möglich. Die Fertigungsqualität wird bestimmt von dem Fertigungsprozeß, von den Entwurfsregeln und von der Fläche des Bausteins. Sie kann von dem Schaltungsentwickler kaum beeinflußt werden.

Eine hohe *Auslieferungsqualität* (Testgüte) bedeutet die Erkennung möglichst vieler Fertigungsfehler beim Fertigungstest. Ein Maß für die Auslieferungsqualität ergibt sich aus dem Anteil der Bausteine, welche den Fertigungstest als "fehlerfrei" passieren, jedoch im späteren Betrieb dennoch ein Fehlverhalten aufweisen (Rückläufer). Sie wird bestimmt durch die Sorgfalt des Entwicklers bei testfreundlichem Entwurf und Testdatenerstellung, durch die Güte der Werkzeuge zur Testvorbereitung und durch die Relevanz des verwendeten Fehlermodells.

Hohe *Betriebsqualität* bedeutet Robustheit der betriebenen Bausteine gegenüber Betriebsfehlern. Die Robustheit läßt sich durch Fehlertoleranz und Rekonfigurierbarkeit erreichen. Maßnahmen zur Verbesserung der Betriebsqualität sind Bestandteil der Funktionsspezifikation des Bausteins. Die Höhe der anzustrebenden Betriebsqualität ist abhängig von dem jeweiligen Einsatzfall. Ein Maß hierfür ist die Verfügbarkeit eines Systems.

Innerhalb der Produktionsentstehungsphasen unterteilen sich die qualitätsbezogenen Aktivitäten in Qualitätsplanung, Qualitätsprüfung und Qualitätslenkung.

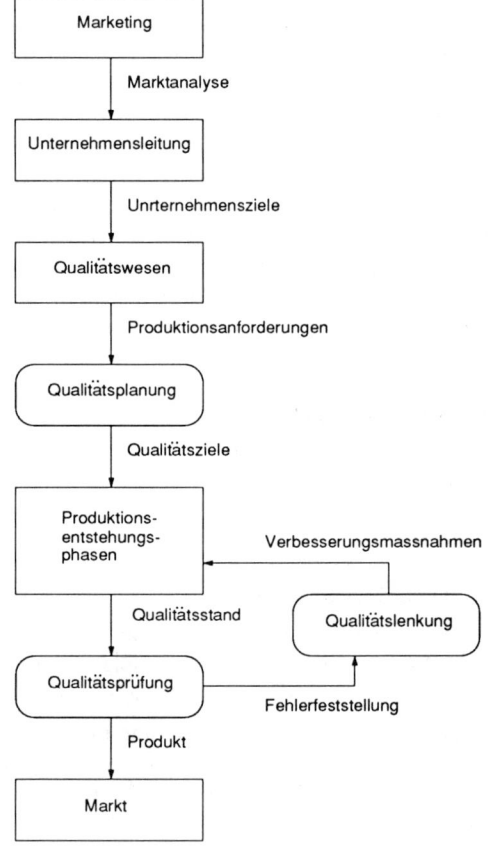

Abbildung 4.1: Qualitätsregelkreis

Qualitätsplanung, die gleich während der Produktdefinition und -planung entsteht, besteht aus:

- Qualitätszielen für das Gesamtprojekt
- Qualitätszielen für Einzelteile

- Festlegen der Soll-Qualitäten (Qualitätsspezifikation)
- Festlegen übergeordneter Qualitätssicherungslinien (DIN, VDI/VDE, ...)
- Umsetzen der unternehmerischen Qualitätsziele auf das Produkt
- Ableiten von Qualitätszielen aus der Qualitätsgeschichte ähnlicher Produkte
- Risikoabschätzungen
- Überprüfen des Pflichtenheftes auf Qualitätsforderungen
- Festlegen allgemeiner Prüfvorschriften
- Fehlermöglichkeits- und Einflußanalyse
- Qualitätsmerkmalen

Zur *Qualitätsprüfung* werden folgende Hilfsmittel erstellt:

- Hilfsmittel zur Prüfplanung (Stichprobentabellen, Prüfzeiten, Prüfmitteleinsatz)
- Prüfablaufplanung
- Prüfplanung
- Prüfmittelentwicklung

Außerdem werden bei der Realisierung des Produkts folgende Aktivitäten durchgeführt:

- Prüfdurchführung
  - Wareneingang
  - Fertigung
  - Montage
- Qualitätsdatenerfassung und -verarbeitung

Bei der *Qualitätslenkung* werden Aktivitäten wie Fehlerursachenanalyse, Erfassen von Fehlerkosten, Maßnahmen zur Fehlerverhütung und Verfolgen von Verbesserungsmaßnahmen ausgeführt. Der Entstehungsablauf eines Produkts ist im folgenden Flußdiagramm dargestellt, welches die Beziehung der oben erwähnten Aktivitäten bezüglich der Qualität noch mehr verdeutlicht.

Es ist nicht immer ganz einfach, die Qualität in exakten meßbaren Termen zu bestimmen. Im allgemeinen hängt die Qualität eines technischen Systems eng mit seiner Komplexität zusammen: Mit zunehmender Komplexität des Endproduktes steigt auch die Gefahr des Qualitätsverlustes durch Schwierigkeiten bei Entwurf und Entwicklung. Auf diesen Zusammenhang muß daher eingegangen werden.

4.2 Qualität und Komplexität

Unter einem System versteht man [KLAU79] eine geordnete Gesamtheit von materiellen oder geistigen Objekten. Diese Definition ist zur Charakterisierung technischer Systeme, die anwendungsorientiert sind, zu abstrakt. In Anlehnung an [PATZ82] wird für technische Systeme folgende Definition zugrundegelegt: Ein System besteht aus einer Menge von Komponenten, die zur Verfolgung eines gemeinsamen Zieles miteinander verknüpft sind.

Unter Systemstruktur versteht man die Gesamtheit aller Verbindungen zwischen den Komponenten. Zwei Komponenten sind miteinander verbunden, wenn der Ausgang der einen Komponente zugleich Eingang der anderen Komponente ist. Rechensysteme sind offene Systeme, da sie wenigstens eine Komponente haben, deren Eingang nicht Ausgang einer anderen Komponente desselben Systems ist.

Um Systemmerkmale, wie Überschaubarkeit oder Größe eines Systems, zu beschreiben, wird oft der Begriff der Komplexität verwendet. [PATZ82] unterscheidet dabei zwei Aspekte der Komplexität: Konnektivität und Varietät. Komplexität wird danach von der Beziehungsvielfalt (Art und Anzahl der Beziehungen im System) und der Elementenvielfalt (Art und Anzahl der Elemente im System) bestimmt. Dabei nimmt die Anzahl der Beziehungen R sehr schnell mit der Anzahl n der Elemente eines Systems mit nichttrivialer Struktur zu:

R_{min} = n-1 Baumstruktur

R_{max} = n(n-1)/2 Graph ohne Berücksichtigung von Beziehungsrichtungen und Schlingen

Mit zunehmender Elementenvielfalt steigt in der Regel auch der Aufwand für das Verstehen des Systemverhaltens, da nicht nur das Kopplungsgefüge, sondern auch die Arbeitsweise der einzelnen Elemente verstanden werden müssen. So werden in der Halbleitertechnik Logikschaltungen oft als "komplexer" bezeichnet als Speicherschaltungen. Das ist ein Ausdruck für die unterschiedliche Konnektivität und Varietät der Schaltungen.

[KLAU79] berücksichtigt in der dort angegebenen Komplexitätsformel auch die Anzahl der verschiedenen Zustände, die ein System annehmen kann.

K = $C_K * n * z * k$ mit C_K: Proportionalitätsfaktor
n: Anzahl der Elemente
z: Anzahl der Zustände der Elemente
k: Anzahl der Kopplungen zwischen den Elementen

Dieser Ansatz besagt auch, daß die Komplexität zweier Systeme trotz unterschiedlicher Anzahl von Elementen, Zuständen und Kopplungen gleich sein kann.

Die Konzeption, Entwicklung und Wartung der Rechensysteme sind vor allem mit der Beherrschung ihrer Komplexität verbunden. Sie entscheidet über Entwicklungsrisiken und Qualität des Entwicklungsergebnisses.

DIN 55 350, Teil 11, definiert *Qualität* als "die Gesamtheit von Eigenschaften und Merkmalen eines Produkts oder einer Tätigkeit, die sich auf die Eignung zur Erfüllung gegebener Erfordernisse beziehen". Qualität ist damit eine übergreifende Zielgröße, die sich als Eignungsmerkmal für den Einsatz eines technischen Systems verstehen läßt. Daher können auch die Tätigkeiten, Zwischen- und Endprodukte einer Entwicklung das Objekt einer Qualitätsbeurteilung sein. Qualitätsmerkmale für technische Systeme lassen sich auf viele Arten gruppieren. Eine von vielen Möglichkeiten ist eine Gruppierung nach erstellungsbezogenen Merkmalen (z.B. Testbarkeit), betriebsbezogenen (etwa Funktionsabdeckung, Handhabbarkeit) und änderungsbezogenen Merkmalen (z.B. Flexibilität).

Zur Objektivierung von Qualitätsmerkmalen bedient man sich der Qualitätsmaße. Ein Qualitätsmaß

- definiert einen Zusammenhang zwischen dem zu messenden Qualitätsmerkmal und den dieses Merkmal bestimmenden Indikatoren,

- reagiert sensitiv auf unterschiedliche Ausprägungen des zu messenden Qualitätsmerkmals,

- gewährleistet eine objektive Erfassung der Ausprägungen des zu messenden Qualitätsmerkmals und seine Abbildung auf eine Skala.

Damit ergeben sich an Qualitätsmaße eine Reihe von Anforderungen; sie müssen objektiv sein, d.h. frei von subjektiven Einflüssen der Prüfer. Sie müssen präzise feststellbar sein und zuverlässig die zu messende Eigenschaft widerspiegeln. Für den praktischen Einsatz sollten Qualitätsmaße normierbar, ökonomisch und nützlich sein. D.h., es sollten Angaben existieren, die als Bezugssystem zur Einordnung von Meßwerten dienen können. Die Ermittlung dieser Meßwerte sollte mit geringem Aufwand möglich sein, die Erhebung des Meßwertes sollte ein praktisches Bedürfnis erfüllen: Die Qualitätsmaße sollen in den frühen Entwicklungsphasen der Systeme anwendbar sein, sie sollen unabhängig von der Systemgröße verwendbar sein, und schließlich sollen sie mit zunehmender Detaillierung des Entwurfs auch genauere Werte zulassen.

Im Groben gibt es folgende Qualitätsmerkmale im Bereich der Hardware:

- Identifizierbarkeit des Systems

- Verständlichkeit der Dokumentation

- Abnahmetest als ein Maß für Systemqualität

- Einsatz von Qualitätsstandards

- Möglichkeit der Fehlervorhersage

- Änderbarkeit des Systems

Die vorhin aufgeführte Definition der Komplexität von [KLAU79] besagt, daß technische Systeme mit zunehmender Zahl von Elementen, Zuständen derselben und Verknüpfungen zwischen den Elementen an Komplexität zunehmen. Mit steigender Komplexität fällt aber das Verständnis für die Arbeitsweise des technischen Systems.

Aus all dem geht hervor, daß Qualitätsbeurteilung letztlich die Beurteilung von Komplexität bedeutet. Da Komplexität als Mangel an Testbarkeit interpretiert werden kann, bedeutet die Beurteilung der Qualität eines technischen Systems vor allem die Beurteilung der Testbarkeit.

Leider leidet "Testbarkeit" als Komplexitätsmaß unter der Tatsache, daß ihre Anwendung erst nach Abschluß der Hardwareentwicklung ermittelt werden kann. Hier wird also ein Bedürfnis nach Beurteilungskriterien für die Ergebnisse der früheren Phasen einer Entwicklung deutlich artikuliert.

Kapitel 5

Testen integrierter Schaltungen und Systeme

Hochintegrierte Schaltungen und Systeme sind technische und in den meisten Fällen kommerzielle Produkte. Bei einem technischen Produkt ist sowohl für den Hersteller als auch für den Benutzer von Interesse zu wissen:

a) Funktioniert das Produkt? (kurzfristig)

b) Wird es auch nächste Woche, nächsten Monat oder nächstes Jahr genauso gut funktionieren? (langfristig)

Das erste Argument versichert die *Verwendbarkeit,* und das zweite die *Zuverlässigkeit* des Systems. Außerdem ist es wichtig zu wissen, ob das Produkt kostengünstig und wirtschaftlich ist. Das letzte Argument bezieht sich auf die *Kosteneffektivität.*

Diese drei Argumente, Verwendbarkeit, Zuverlässigkeit und Kosteneffektivität, sind die Hauptcharakteristiken von der Qualität eines technischen Produkts. Um sicher zu sein, diese Qualität zu erreichen, verläßt sich der Hersteller auf das Testen. Testen bedeutet im weitesten Sinne das Prüfen eines Produkts (als Ganzes und in allen seinen Teilen), um sicherzustellen, daß seine Funktionen, Eigenschaften und Fähigkeiten das wiedergeben, was entworfen wurde. Das korrekte Funktionieren eines elektronischen Systems (hier speziell eines Computersystems) verläßt sich darauf, daß beide Komponenten, sowohl Hardware als auch Software, fehlerfrei sind. Das Hauptziel des Testens, wie es hier behandelt wird, ist, die Fehlfunktionen (unkorrektes Verhalten) in dem Hardware-Produkt (elektronische Schaltungen, Chips, Boards und Systeme) zu entdecken und ihre Ursachen zu lokalisieren, so daß diese beseitigt werden können.

Perspektivisch betrachtet stellt man fest, daß Testen als eine Fachaktivität so alt wie die Kunst und die Techniken der Produktion und Fabrikation sein muß. Technische Produkte existieren seit Jahrhunderten; die elektronischen Produkte seit den 60er oder 70er Jahren [NOYC77]. Fortschritte in der Integration der Schaltungen (etwa seit 25 Jahren) waren immer sehr eindrucksvoll und erwarteten eine Fortsetzung mit sehr beschleunigenden Schritten. Als treibende Kraft erwies sich hier das Streben nach den Verbesserungen des "Kosten/Leistung"- Verhältnisses: Reduzierung der Kosten und Erhöhung der Geschwindigkeit, der Zuverlässigkeit und der Haltbarkeit.

Innerhalb solcher schnellen und wetteifernden Entwicklungen mußten technische Probleme mit steigender Komplexität entstehen. Es scheint, daß erst seit der Entstehung von LSI/VLSI-Schaltungen Testen ein sehr ernstes Problem wurde.

Es gibt dafür verschiedene Erklärungen; was aber sicher zu sein scheint, ist, daß sich mit LSI/VLSI die Verhältnisse in mindestens zwei Aspekten geändert haben:

a) Die zu testenden Objekte wurden so komplex und die damit verbundenen Daten so umfangreich, daß sie nicht mehr effizient von den Einzelpersonen behandelt werden können. Dies hat Probleme in der Planung und dem Entwurf des Testvorgangs geschaffen. Um solche Probleme zu überwinden, müssen immer stärker geeignete CAD-Werkzeuge eingesetzt werden.

b) Die Schaltungen wurden so schnell, kompakt und die inneren Zustände schwer zugreifbar, daß die Benutzung von konventionellen Methoden zum Testen nicht ausreichend und unangemessen wurden. Dies hat Probleme bei der Ausführung des Testens geschaffen. Außerdem hat es dazu geführt, viele Anstrengungen und Entwicklungen zu verbessern und die Testmethoden und Testeinrichtungen zu verfeinern.

Ein Blick in die Zukunft (ULSI) zeigt, daß die Schaltungstechnologien höhere Integration und Geschwindigkeit zulassen, wodurch das Testen komplexer, schwieriger und kostenintensiver wird, sowohl bei der Testausführung als auch bei der Testeinrichtung. Es hat schon Fälle gegeben, in denen Chips und Systeme entworfen und gebaut, aber nie als Produkt fabriziert wurden, weil sie bezüglich des Testens sehr kostenintensiv oder überhaupt nicht testbar waren.

Durch LSI/VLSI ist es generell anerkannt, daß die Testprobleme wachsend komplexer und schwieriger werden. Um solche Probleme zu beseitigen, bemühen sich viele Hersteller und Forscher stets darum, bessere und kosteneffektivere Testmethoden für die Produktsicherheit zu entwickeln.

5.1 Ebenen des Testeinsatzes

Testen ist ein integrierter Teil jedes Entwurfprozesses und System-Lebenszyklus. Es ist notwendig an jeder Systemebene und muß vollständig und effizient sein, was sich durch die Betrachtung der verschiedenen Phasen des System-Lebenszyklus erklären läßt. Jedes System wird gebaut, weil das alte System einfach für heutige Verhältnisse aus der Mode geraten ist oder weil es neue Bedürfnisse und Anforderungen gibt. Neue Technologien machen den Entwurf und Bau von neuen Systemen möglich. Der System-Lebenszyklus wird aus der Sicht des Testens wie folgt beschrieben:

- Konzept-Formulierung
- System-Spezifikation
- Entwurf
- Prototyp
- Fertigung
- Installation
- Operationsleben
- Modifikation und Ausscheidung

Dabei muß beachtet werden, daß nach jedem Schritt dieses Lebenszyklus ein Testschritt in Bezug auf die Gültigkeit des Konzeptes, Korrektheit der Spezifikation, den Entwurf u.s.w. folgen muß. Leider ist es sehr schwer, schon während der Anfangsschritte eines Projektes die Vollständigkeit der Spezifikation zu testen, weil der Benutzer oft nicht ganz sicher ist, was er braucht.

Bei der Betrachtung einer anderen Sicht des Systems, nämlich die der Aufbauebenen der Systemintegration, kann beobachtet werden, daß der Weg zum Aufbau des Systems unmittelbare Testschritte benötigt. In einem vollständigen Prozeß kann man folgende Phasen der Systemintegration unterscheiden:

- Integrierte Schaltungen (IC / Chips)

- Leiterplatten (Boards / Cards / Wafer)

- Systeme

Ähnlich wie bei dem System-Lebenszyklus ist an jeder Integrations- oder Aufbauebene ein Testschritt notwendig. Begonnen wird mit dem Test zur maximalen Fehlerüberdeckung bei integrierten Schaltungen, danach werden Boards und schließlich das gesamte System getestet.

Zu betrachten bleibt noch eine andere Sicht des Systems, nämlich die der Abstraktion. Die Abstraktionsebenen sind:

- Schaltungsebene

- Logikebene

- Registertransfer-Ebene

- System Hardwareebene

Durch den Testeinsatz auf jeder der einzelnen Ebenen kann man die Fehlerüberdeckung des Systems steigern. Es wird deutlich, daß z.B. für die Entwicklung und den Bau eines zuverlässigen Mikroprozessorsystems Testschritte auf jeder Ebene des System-Lebeszyklus, auf jeder Ebene der Systemintegration und genauso an jeder Abstraktionsebene benötigt werden. Es ist notwendig, nicht nur für die Fehlerentdeckung, sondern auch für die Fehlerlokalisierung, Fehlerbehebung und schließlich Fehlertoleranz Tests durchzuführen.

Für all diese Testschritte existieren bis jetzt sehr wenige automatische Tools und wenn überhaupt, dann nur beschränkt auf wenige Ebenen. Wünschenswert wäre hier ein automatisches Überprüfungswerkzeug, das auf allen verschiedenen Ebenen einsetzbar ist.

5.2   Problem des Testens

Mangelnde Zuverlässigkeit bzw. Verfügbarkeit sind bedingt durch das Auftreten falscher Informationen in einem System, kurz *Fehler (errors)* genannt. Diese sind mit wachsender Komplexität der Systeme immer schwieriger auszuschließen, teilweise aber auch prinzipiell gar nicht zu vermeiden. Sie sind Symptome für zeitweise auftretende oder dauerhafte *Defekte (defects, faults)* im System, d.h. falsch oder nicht funktionierende Systemfunktionen. Defekte als Fehlerursachen können inkorrekte Logik auf den verschiedenen Funktionsschichten bedeuten, also Unzugänglichkeiten beim Entwurf und bei der Realisierung. Weiterhin können Defekte durch Alterungserscheinungen einzelner Hardwarekomponenten bedingt sein. Schließlich können sie von externen Einflüssen, wie elektrischen oder magnetischen Störungen, herrühren.

Defekte können dann *redundant* sein, wenn kein Test sie entdecken kann. Die Redundanz verursacht ernsthafte Probleme bei der Testgenerierung.

Fehler machen sich bemerkbar durch ihre *Fehlerfolgen (failures)*, wie etwa durch falsche Ergebnisse oder sogar durch den Ausfall des ganzen Systems bzw. einzelner Komponenten des Systems.

Um die korrekte Operation eines Systems sicherzustellen, muß man in der Lage sein, die eventuell vorkommenden Fehler zu entdecken und sie zu lokalisieren oder in bestimmten Komponenten zu isolieren (vorzugsweise in einfach testbaren Komponenten). Der erste Vorgang wird *Fehlerentdeckung (fault detection)* und die nächsten Vorgänge jeweils *Fehlerlokalisierung (fault location), Fehlerisolierung (fault isolation)* oder *Fehlerdiagnose (fault diagnosis)* genannt. Diese Aufgabe wird durch das Testen übernommen. Testen bedeutet einfach: Überprüfen eines Objekts mit dem Ziel festzustellen, ob dieses Objekt fehlerfrei ist oder nicht.

Ein *Test* ist ein Vorgang zur Entdeckung und Lokalisierung von Fehlern. Tests werden auch in zwei Kategorien eingeteilt: Fehlerentdeckungstests und Fehlerdiagnosetests. Der Fehlerentdeckungstest sagt nur aus, ob eine Schaltung fehlerhaft oder fehlerfrei ist, aber nichts über die Identität des eventuell vorhandenen Fehlers. Ein Fehlerdiagnosetest sorgt für die Lokalisierung der Fehler und die Bestimmung des Fehlertyps und anderer Informationen.

Dieser Vorgang ist bei zunehmender Schaltungsgröße und immer fehleranfälligeren Herstellungsverfahren für hochintegrierte Schaltungen schwierig durchzuführen.

5.2.1   Die Komplexität des Testens

Testen hat zwei Hauptschritte: Testgenerierung für eine gegebene Schaltung und die Anwendung dieser Tests auf die Schaltung. Darum kann die Komplexität des Testens in die Komplexität der Testgenerierung und in die Komplexität der Testanwendung unterteilt werden.

Zur Abschätzung der Komplexität der Testgenerierung wird die Komplexität des Algorithmus, der zur Generierung eines Tests benutzt wird, berechnet. Die Größe der Testmenge oder die Länge der Testfolge eignet sich als ein Maß für die Komplexität der Testanwendung.

Ibarra and Sahni [IBAR75] haben das folgende Fehlerentdeckungsproblem betrachtet:

Ist ein gegebener Single stuck-at Fehler entdeckbar?

Und sie haben dabei festgestellt, daß dies ein NP-vollständiges Problem ist (näheres zu dieser Klasse von Problemen findet man in [AHO 76] und [GARE79]). Jedoch ist ihr Beweis ziemlich lang und kompliziert. Ein viel einfacherer Beweis ist von Fujiwara und Toida [FUJ82a] und [FUJ82b] gegeben, die zeigen, daß das Fehlerentdeckungsproblem für k-stufige Schaltungen (k >= 3) ein NP-vollständiges Problem ist, obwohl es für 2-stufige Schaltungen in Polynomialzeit lösbar ist.

Sie zeigten außerdem, daß das folgende Problem auch NP-vollständig ist:

Finde einen Test zur Entdeckung eines gegebenen Fehlers f in einer beliebigen monotonen (Boolescher Ausdruck mit nicht-negativen Variablen) *und nicht redundanten Schaltung C!*

Trotz allem gibt es einige Schaltungen, für die das Fehlerentdeckungsproblem in Polynomialzeit gelöst werden kann: z.B. lineare Schaltungen, Dekoder-Schaltungen, parallele Addierer.

5.3   Testkosten

In der Konkurrenzwelt der elektronischen Schaltungs- und System-Produktion ist die mögliche Überlebenschance eines Produkts hauptsächlich durch einen einzig wichtigen Faktor bestimmt. Es ist der Faktor Qualität/Kosten-Verhältnis. Ein Produkt, das sich gerade auf dem Markt erfolgreich festgesetzt hat, wird nicht lange überleben, außer wenn daß seine Leistung und Kosteneffektivität mit anderen Produkten konkurrieren kann. Mit dem schnellen Fortschreiten der Technologien und schnellem Altern der vorherigen Technologien von Jahr zu Jahr kann die Lebensdauer für viele Produkte sehr kurz (3 bis 5 Jahre) sein, was ja wahrscheinlich in der Zukunft noch kürzer sein wird.

Die gesamten Produktionskosten für ein Systemprodukt bestehen aus: den Fabrikationskosten der Chips (elektronischen Schaltungen) und den Kosten für das Zusammenpacken der einzelnen Module in ein System, und schließlich den Kosten für das Testen einzelner Teile und des Systems als Ganze.

Mit LSI/VLSI sanken die Fabrikationskosten sowohl für die Logik als auch für den Speicher, dagegen stiegen aber kontinuierlich die Testkosten.

5.3.1 Die Zusammensetzung der Testkosten

Die Testkosten bestehen aus Kosten für die Testeinrichtung und Kosten für die Testaktivität.

Die Testeinrichtungskosten beinhalten:

a) Kosten für die Beschaffung und Instandhaltung der Hardware-Einrichtung. Diese sind:

   - Testeinrichtung (Rechner mit entsprechendem Speicher)
   - geeignete Schnittstellengeräte (Nadelbett) und Schnittstellentreiber

b) Kosten für die Generierung und Wartung von notwendigen Software-Unterstützungen. Diese sind:

   - Testmustergenerierung
   - Fehlersimulation und -analyse
   - Dokumentation u.s.w.

c) Kosten für die Dauer des Testens. Diese sind:

   - die Zeit, die verbraucht wird, um die Testeinrichtung und Computer zur Testunterstützung zu benutzen
   - bei langwierigeren Testvorgängen (z.B. burn-in-Test braucht normalerweise 1 bis 2 Tage) kommen noch einige zusätzliche Kosten hinzu aufgrund unvorhergesehener Störungen und dadurch verursachter Stockungen

d) Kosten für das Testpersonal

Trotz der Erkenntnis über die oben erwähnten Kostenfaktoren beim Testen ist es in der Praxis oft schwierig, diese exakt zu steuern oder abzuschätzen.

Dennoch kann man behaupten, daß mit steigender Komplexität und Packungsdichte in den elektronischen Produkten das Testen auch ständig komplexer und schwieriger wird, wodurch auch alle oben erwähnten Kosten steigen, außer wenn etwas unternommen wird, um dieser Tendenz zu entkommen.

5.4 Die Zukunft der Testtechnik

Die Produktsicherheit verläßt sich auf das Testen. Man kann sagen, daß die Qualität der Produkte von der Qualität der Testmethode abhängt.

Die bisherige Erfahrung zeigt, daß bei den Testkosten die sogenannte *Faktor-zehn-Regel* gilt, die schon sehr oft zitiert worden ist [HOTC78], [MYER83]. Diese Regel besagt, daß, wenn die Kosten für das Herausfinden eines fehlerhaften IC's bei der Wareneingangskontrolle oder für das Herausfinden eines fehlerhaften Chips durch den Chiptest den Wert C betragen, es $10 \times C$ kostet, um diesen fehlerhaften Chip oder überhaupt einen Fehler am Board zu finden.

Dies würde aber beim Systemtest $10^2 \times C$ und schließlich im Feld (beim Kunden) $10^3 \times C$ (ohne Mitberücksichtigung der Kundenverluste, die eventuell ersetzt werden müssen) kosten. In den letzten Jahren hat sich dieser Faktor sogar noch vergrößert.

Da durch den Übergang von LSI zu VLSI und ULSI die Komplexität der integrierten Schaltungen mindestens um Faktor 10 steigt (AC-Fehler sind noch schwieriger zu entdecken und zu lokalisieren) und dadurch die Testkosten weit die Entwicklungskosten überschreiten, bleibt uns nichts anderes übrig, als ATEs mit der Höchstleistung für die Bausteinebene zu beschaffen.

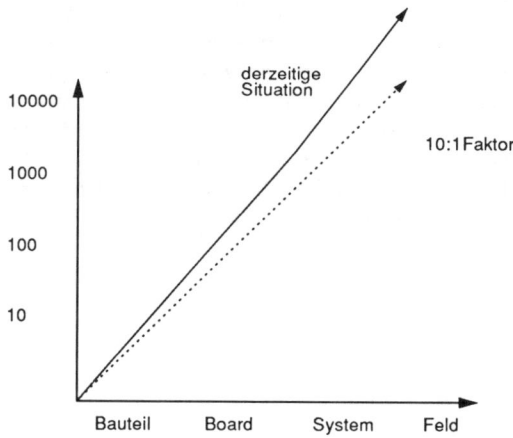

Abbildung 5.1: Relative Kosten der Fehlerbehandlung

Das Ziel beim testbaren Entwurf ist, das Testen kosteneffektiver und zuverlässiger zu machen. Dieses Ziel scheint annäherbar, aber nie erreichbar zu sein. Dennoch ist es wichtig, es ständig im Auge zu behalten. Da der testbare Entwurf ein hauptsächlicher Teil eines Testsystems ist, beeinflußt seine Qualität die Qualität des Ganzes.

Es werden immer mehr Anforderungen bezüglich der automatischen Testgenerierung und Testausführung gestellt. All diese Anforderungen basieren auf besseren Resultaten mit sehr niedrigen Kosten. An die nächste ATE-Generation werden folgende Anforderungen gestellt:

- Kostenreduzierung

- stärkerer Computereinsatz

- Vielseitigkeit

- Vereinheitlichung

Da diese vollautomatischen ATEs noch Zukunftsmusik sind, versucht man, die zwei wichtigen Schranken beim VLSI-Testen, nämlich Kosten und Geschwindigkeit, durch testbaren Entwurf zu überwinden. Dadurch wird die Testkomplexität reduziert, was ja beim späteren Testen zur Zeit- und Kostenersparnis führt.

Früher wurde der testbare Entwurf entweder ganz ignoriert, oder er wurde als eine lästige Sache angesehen, der man so geschickt wie möglich auswich. In den meisten Fällen wurde aus einem Entwurf sofort ein Produkt, ohne daß der Entwerfer irgendwelche Verantwortung für die Testbarkeit seines Entwurfs übernahm.

So übernahm diese Aufgabe der Testingenieur. Er stellte nach der Prüfung des Prüflings fest, daß etwas damit nicht stimmte und versuchte selbse etwas an dem Entwurf zu ändern. Das Resultat war meistens nicht anderes als "Ad hoc". Das heißt, wenn später nochmals ein Fehler auftauchen würde, könnte ihn niemand entdecken und beseitigen.

Mit LSI und VLSI wurden Systemteile ungeheuer komplex und ihr Entwurf immer zeit- und kostenaufwendiger. Aus diesen Gesichtspunkten war es unerträglich, diese Methode fortzusetzen und das System im Falle eines Fehlers umzuentwerfen.

Es war also notwendig, die Vereinigung von 'Design for Testability' von Anfang an bei einem Produktentwurf mitzuplanen und auszuführen. Dies bringt aber einige grundlegende Änderungen mit sich bezüglich der Aufgabenverteilung zwischen dem Entwerfer und dem Testingenieur und ihrer Beziehung zueinander. Es verlangt eine sehr hohe interaktive Kooperation zwischen dem Systementwerfer, Testingenieur, Testprogrammierer und natürlich dem Manager des Projektes. Jeder muß einfach in Form einer Teamarbeit mitwirken und etwas dazu beitragen. Dies erfordert wiederum Flexibilität und Kreativität von allen Mitwirkenden. Leider gibt es hierbei meistens Sprach- und Verständigungsschwierigkeiten, die diese Kooperation verhindern.

Kapitel 6

Testbarkeit

Es ist sehr wichtig, daß die Testbarkeit bereits im frühen Stadium der Entwicklung berücksichtigt wird. Ein nachträgliches Einbringen oder Ändern von Logik zur Verbesserung der Testbarkeit ist ausgesprochen kosten- und zeitintensiv.

6.1   Testbarkeitsbegriffe

Das Ziel des Funktionstests ist es, die für die fehlerfreie Funktion des Moduls im System notwendigen Eigenschaften nachzuweisen. Alle Fehler, die auftreten, müssen erkannt werden, die Fehlerquelle muß auf die kleinste auswechselbare Einheit zurückgeführt werden.

Um ein testbares Modul zu entwickeln, sind folgende grundlegenden Punkte zu beachten:

- Das Modul muß mit dem zur Verfügung stehenden ATE hinreichend testbar sein.

- Die Fehlerdiagnose muß einfach sein.

- Die Erstellung des Testprogramms muß kostengünstig sein.

- Der Test des Moduls muß wirtschaftlich sein.

Um die Testbarkeit bereits bei der Entwicklung eines Moduls berücksichtigen zu können, muß normalerweise der Entwickler die Möglichkeit des ATE genau kennen, oder es müssen ihm klare Entwicklungsrichtungen zur Verfügung stehen.

In ihrem natürlichen Sinne bedeutet "Testbarkeit" (testability) lediglich die Fähigkeit zu haben, getestet zu werden. Aber diese einfache Definition reicht nicht aus, weil in der Praxis die Testbarkeit unterschiedlich interpretiert werden kann. Dies führt, wie auch immer, zu einer ziemlich allgemeinen und fraglichen Interpretation des Ausdrucks "Testbarkeit". Zum Beispiel wird ein Testobjekt (Chip) bezüglich der Sicherstellung eines vorausgesetzten Fehlers nicht "testbar" genannt, wenn die Benutzung der Testmuster zur Entdeckung dieses Fehlers sehr kostenaufwendig ist. Was aber sicher zu sein scheinen mag, ist, daß die Testbarkeit eine Basis für die Qualitätssicherung darstellt.

Es gibt viele Definitionen von Testbarkeit – formale und informelle. Wichtig dabei sind jedoch immer die Kosten für die Generierung von Testmustern, Kosten für die Sicherstellung einer korrekten Diagnose, Kosten für die benutzten Hilfsmittel etc. Eine informelle Definition von Testbarkeit ist die folgende:

Ein Logik-Schaltkreis ist testbar, wenn eine Menge von Testmustern erzeugt, ausgewertet und in einem vernünftigen Kostenrahmen angewendet werden kann. Dabei müssen diese Testmuster garantieren, daß sie eine Menge von Fehlerzuständen erkennen und, wenn nötig, eine eindeutig korrekte Lokalisierung des Fehlerzustandes ermöglichen.

Eine andere mehr formale Definition der Testbarkeit basiert auf der Einschätzung der Einstellbarkeit und Beobachtbarkeit von Schaltkreisen. D.h., daß ein interner Knoten mittels eines Testmusters eingestellt und die Reaktion beobachtet werden kann.

6.2   Testbarkeitsanalyse

Wie in Kapitel 5.2.1 diskutiert, ist das Problem der Testgenerierung im allgemeinen ein NP-vollständiges Problem. Dies beweist die Notwendigkeit vom Entwurf leicht testbarer Schaltungen. Mit dem Vordringen von VLSI-Schaltungen wurde das Bedürfnis für die 'Design For Testability'-Methoden (darunter werden ganz allgemein Maßnahmen beim Schaltungsentwurf verstanden, die zu einer besseren Prüfbarkeit der Schaltung und/oder Automatisierung der Prüfvorbereitung – z.B. Testmustergenerierung – und so zum sogenannten prüffreundlichen Entwurf führen sollen – vgl. Kapitel 7 –) immer dringender.

Eine Möglichkeit für die Reduzierung der Testgenerierungsschwierigkeit ist, die Testbarkeit der Schaltung so früh wie möglich, d.h. schon in der Entwurfsphase, zu berücksichtigen. Um dies zu schaffen, ist es notwendig, ein Wissensvermögen darüber zu haben, wie leicht oder schwer es sein wird, für eine Schaltung Tests zu generieren und welche Bereiche schwerer testbar sind. Diesen Vorgang nennt man *Testbarkeitsanalyse*.

Die Testbarkeitsanalyse erfordert ein Testbarkeitsmaß, mit dessen Hilfe die Testbarkeit so genau wie möglich bestimmt werden kann. Dieses Testbarkeitsmaß muß aber auf die Leichtigkeit oder Schwierigkeit der Testgenerierung einer Schaltung hinweisen, so daß die Entwerfer es auch interpretieren können. Außerdem soll die Berechnungskomplexität des Testbarkeitsmaßes viel niedriger sein als die Testgenerierung selbst.

Ferner, da die erzeugte Information durch ein Testbarkeitsmaß benutzt wird, um Schaltungen zu modifizieren oder sogar neu zu entwerfen, muß es deshalb genau genug sein, um die Testbarkeit der Schaltung zu verbessern. Nur so kann das Testbarkeitsmaß bei der Reduzierung der Testkosten nützlich sein.

Viele Methoden für die Messung der Testbarkeit in logischen Schaltungen wurden vorgeschlagen ([STEP76], [KEIN77], [DEJK77], [DUSS78], [WOOD79], [GOLD79], [KOVI79], [BEN81b], [BERG82], [BRGL84]). Alle diese Methoden führen die beiden Maße Einstell- und Beobachtbarkeit für die Abschätzung der Testbarkeit ein.

Die Maßzahl für die *Einstellbarkeit* gibt den Aufwand an, der notwendig ist, um einen beliebigen Knoten der Schaltung auf einen bestimmten logischen Wert zu bringen. Sie hängt von der Anzahl der Gatter ab, die zu durchlaufen sind, um einen logischen Zustandswechsel von den externen Eingängen zu dem betrachteten Knoten zu übermitteln.

Die Maßzahl für die *Beobachtbarkeit* gibt den Aufwand an, der notwendig ist, um einen eingestellten logischen Wert eines Knotens über einen externen Ausgang zu überprüfen. Sie ist wiederum abhängig von der Anzahl der zu durchlaufenden Knoten bis hin zu diesem Ausgang.

Die Aufgabe des Testgenerierungsvorgangs besteht darin, die internen logischen Werte zu steuern und zu beobachten. Wenn jede dieser Aufgaben leicht ausführbar ist, dann kann die Testgenerierung reibungslos ausgeführt werden. Das bedeutet, daß die Testbarkeit eine enge Beziehung zu der Einstell- und Beobachtbarkeit hat.

Kapitel 7

Prüffreundlicher Entwurf

Mit dem Übergang von LSI zu VLSI ist es möglich geworden, mehr als 100 000 logische Gatter auf einem Chip zu installieren.

Die Herstellung derartiger hochintegrierter Schaltungen bietet einige Vorteile:

1) Die Herstellungskosten werden gesenkt,

2) Die Leistungsaufnahme wird verringert,

3) Operationen werden schneller als bei herkömmlichen integrierten Schaltungen ausgeführt.

Allerdings wirft die Herstellung von hochintegrierten Schaltungen Probleme auf, die die oben genannten Vorteile zum Teil wieder aufwiegen. Der Anstieg der logischen und sequentiellen Tiefe hat schlechte Einstell- und Beobachtbarkeit und damit schlechte Prüfbarkeit der Schaltungen zur Folge.

Tatsächlich glauben einige Autoren [CHAL79], daß bei einer Dichte von 500K Schaltungen pro Chip und mehr die Testbarkeit bald ein so wichtiger Faktor sein wird, welcher dazu beitragen kann, daß ein neuer Entwurf weiterverfolgt wird oder schnell in Vergessenheit gerät.

Ein sinnvoller und notwendiger Schritt zur Lösung dieser Probleme ist die Berücksichtigung der Testfreundlichkeit beim Entwurf (DFT: *design for testability*).

Im Gegensatz zu dem Systementwurf, der durch das ständige Anwachsen der Anzahl der internen Zustände der hochintegrierten Bausteine Testprobleme verursacht, hilft der testbare Entwurf den Zugriff zu dem inneren Knoten des Systems zu gewinnen, um Testen zu ermöglichen. Mit anderen Worten: Der testbare Entwurf schafft neue Wege zum Zugriff auf verschiedene Teile innerhalb eines Systems, so daß sie getestet werden können.

7.1 Prüfbarkeitsregeln

Der testbare Entwurf ist eine neue und sich stets entwickelnde Disziplin. Um einen hohen Grad an Testfreundlichkeit zu erreichen, ist man gezwungen, die Entwürfe zu "standardisieren". Das heißt hier nichts anderes, als daß der Entwerfer sich schon beim Entwurf nach *'prüftechnischen Entwurfsregeln' (dft rules)* richten soll.

Unter dem in der Literatur sehr weit gefaßten Begriff der 'prüftechnischen Entwurfsregeln' werden ganz allgemein Maßnahmen beim Schaltungsentwurf verstanden, die auf die Sicherung der Testbarkeit und/oder Automatisierung der Prüfvorbereitung (z.B. Testmustergenerierung) ausgerichtet sind und zum sogenannten prüffreundlichen Entwurf führen sollen (siehe [WILL82], [JAIN83],

[BENN84], [HÖRB87]). Derartige Maßnahmen reichen von lose formulierten Richtlinien für den Bausteinentwickler bis zu präzise formalisierten Anforderungen an den Schaltungsaufbau und das Schaltverhalten.

Notwendige Voraussetzung für eine automatische Überprüfung prüftechnischer Entwurfsregeln ist eine hinreichende Formalisierbarkeit der in den Regeln enthaltenen Aussagen in Form allgemeingültiger struktureller oder verhaltensspezifischer Forderungen, die losgelöst von individuellen Schaltungsentwürfen jeweils für Klassen von Schaltungen auf Chip-, Board- oder Systemebene einzuhalten sind.

Es gibt im wesentlichen drei DFT-Strategien [BIDJ87]:

1) *partitionierende Strategien:* Dabei versucht man, eine Trennung der Elemente vorzusehen, z.B. mit Hilfe von Multiplexern (bei sequentieller Tiefe).

2) *generelle Strategien:* Hierbei versucht man, sich von der Funktion des Bausteins unabhängig zu machen, z.B. mit Hilfe eines Prüfbusses.

3) *integrierte Strategien:* Dieses sind nichts anderes als Selbst-Test-Strategien, die mit Hilfe der Selbst-Test-Einrichtungen z.B. in ROMs, RAMs und PLAs mitentworfen werden.

Solche prüftechnischen Entwurfsregeln lassen folgende Ziele erreichen [HÖRB87]:

- Gewährleistung der vollständigen Prüfbarkeit,

- Verbesserung der dynamischen Störsicherheit,

- Begrenzung des Aufwandes für die Prüfvorbereitung,

- Verbesserung der Übersichtlichkeit des Entwurfs,

- Gezielte Entwurfsanleitung für den Bausteinentwickler auch in bezug auf den Einbau von Testhilfen.

Während dieser Entwicklung bezüglich der Testbarkeit und Diagnostizierbarkeit im System wurde eine Anzahl von Methoden vorgeschlagen. Diese sind unter anderem:

a) Scan-Path [KOBA68]

b) AAFIS (Advanced Avionics Fault Isolation System) [BENO75]

c) Transition-count testing [HAYE75]

d) Random testing [LOSQ76]

e) Signature analysis [FROH77]

f) LSSD (Level-Sensitive Scan Design) [EICH77]

g) Scan/Set [STEW77]

h) Autonomous test [YAJI78]

i) Syndrome test [SAVI79]

j) BILBO (Build-In Logic Block Observation) [KOEN79]

k) Random-Access Scan [ANDO80]

l) BIDCO (Build-In Digital Circuit Observer) [FASA80]

m) ISTD (In-Situ Testability Design) [TSUI82]

n) ECIPT (Electronic Chip-In-Place Test) [GOEL82]

o) STUMPS (Self-Test Using MISR & Parallel SRSG) [BARD82]

p) CPA (Chip Partitioning Aid) [DASG84]

q) HILDO (Highly Integrated Logic Device Observer) [BEUC84]

r) STIF (Self-Testing by Integrated Feedback) [GANN84]

s) LOCST (LSSD On-Chip Self-Test) [LEBL84]

t) SSRPT (Self-Sufficient Random-Pattern Tests) [TSUI85]

Von diesen sind a, f, g und k für Latch-Scanning-Methoden, c, m, n und p für den deterministischen Test und der Rest für den Pseudorandom-Test oder einige gemischte Formen des Testens geeignet.

Im Grunde genommen beinhalten alle diese Methoden die Implementierung von vier Konzepten:

1) Scannen (Prüfen) von Latches nach ihrer Steuer- und Beobachtbarkeit. Auf diesem Konzept basieren die Methoden a, f, g und k.

2) Abschalten der Ein- und Ausgabe-Teile, um einen Zugriff zu den inneren Teilen des Systems zu gewinnen. Beispiele dafür sind n und p.

3) Ermöglichen der internen Mustergenerierung und Ergebniskompaktierung (built in-Test). Beispiele dafür sind c, d, e, h, i, j, l, o, r und s.

4) Ermöglichen der Isolierung und Selbstzulänglichkeit zum Erreichen der Testbarkeit und Diagnostizierbarkeit in dem System. Beispiele dafür sind b, m, q und t.

7.2   Klassifizierung prüftechnischer Entwurfsregeln

Die Regelklassifizierung dient ganz allgemein der Einordnung von nach dem Bezug und dem Grad der Spezialisierung teilweise sehr stark divergierenden Regeln aus verschiedenen Regelwerken zum Zwecke der Überschaubarkeit des hier betrachteten Entwurfsregelspektrums. Erst durch das Aufstellen unterschiedlicher Klassifizierungsschemata mit teilweise orthogonalen Zuordnungskriterien wird der Vergleich von Regeln praktikabel. Daraus erwächst eine Palette von zu analysierenden prüftechnischen Eigenschaften gegebener Schaltungsentwürfe als Spezifikation für die zu generierenden Überprüfungsalgorithmen.

Gleichzeitig kristallisieren sich Schaltungsmodelle – attributierte Schaltungsgraphen, Simulationsmodelle etc. – heraus, auf denen diese Algorithmen arbeiten und die aus der vorliegenden formalen Schaltungsbeschreibung extrahiert werden müssen.

Zum anderen erleichtert eine detaillierte Klassifizierung aller im Analyseraum liegenden Entwurfsregeln die Implementierung der Regeln auf dem zu entwickelnden System, durch Reduktion auf vorhandene Überprüfungsmechanismen und Bestimmung einer geeigneten Reihenfolge in der Überprüfung korrelierender Regeln desselben Regelsatzes und korrelierender Forderungen derselben Regel (Regelhierarchie).

Im einzelnen sind die folgenden Einordnungskriterien zu nennen.

Prüftechnische Intention

Hier ist zu differenzieren zwischen Regeln, die sich auf eine Verbesserung der statischen Testeigenschaften beziehen und vorwiegend auf die externe Einstellbarkeit und Beobachtbarkeit interner Schaltungspfade ausgerichtet sind, und solchen, die auf eine Stabilisierung des dynamischen Schaltverhaltens zur Komplexitätsreduktion dynamischer Tests abzielen.

- Statisches Testen
  Beispiel: Rückkopplungen von Datenpfaden, die mehr als zwei Speicherelemente einschließen, müssen im Prüfmodus durch speziell dafür vorzusehende TESTMULTIPLEXER aufgetrennt werden.

  > Einstellbarkeit
  Beispiel: Der logische Wert der Rückkopplung muß über einen TESTDATENEINGANG direkt (ohne dazwischenliegende kombinatorische oder speichernde Schaltungselemente) einstellbar sein.

  > Beobachtbarkeit
  Beispiel: Der auf die Rückkopplung geführte Wert des Datenpfads muß direkt an einem primären TESTDATENAUSGANG beobachtbar sein.

Einstellbarkeit und Beobachtbarkeit können wiederum unmittelbar (direkte Verbindung mit externen Pins) oder mittelbar (über dazwischenliegende Schaltelemente, die dann ebenfalls einstellbar/beobachtbar sein müssen) gefordert sein. Hier sind Quantifizierungen über Indirektionsgrade von Einstellbarkeit bzw. Beobachtbarkeit denkbar.

Regeln, die die Implementierung spezieller 'Test Access Schemes' zur Zerlegung komplexer Schaltwerke in getrennt testbare Schaltnetze und speichernde Schaltelemente (z.B. Scan Path, Random Access Scan, Scan/Set) betreffen, stellen eine weitere Subklasse dieses Regelkomplexes dar.

- Dynamisches Testen
  Beispiel: Takte dürfen nur gemischt oder gesteuert von Datensignalen ausgewählt bzw. gesperrt werden.

  > Einschränkungen bei der Interaktion von Takt- und Datensignalen (synchrones Schaltverhalten)
  Beispiel: Takte dürfen durch Datenleitungen gesperrt werden (durch Verundung von Takt- und Datenleitungen).

  > Einschränkungen bei der Ableitung von Taktsignalen
  Beispiel: Takte dürfen nur durch Veroderung gemischt werden.

Abstraktionsebene

Nach dem Geltungsbereich unterscheidet man Regeln für die

- RT-Ebene
  Beispiel: Schieberegister und Zähler müssen jeweils mit CLOCK-, PRESET- oder CLEAR-Eingang ausgestattet sein.

- Logikebene
  Beispiel: Ein TESTMODE-Signal muß an alle prüfbusfähigen Speicherzellen ohne dazwischenliegende Kombinatorik geführt werden.

- Physikalische Ebene
  Beispiel: Statische und dynamische CMOS-Schaltkreise in einem Entwurf müssen getrennt testbar sein.
  Hier ist eine technologiespezifische Aufteilung erforderlich:

  > CMOS

  > NMOS

  > ECL

Analyseverfahren

Zur Analyse der Schaltungsmodelle erweisen sich drei Grundtechniken als geeignet, wobei aufgrund der überwiegend strukturorientierten Regeln in ca. 90% aller Fälle Methoden der Pfadverfolgung zur Anwendung kommen.

- Pfadverfolgung
  Datenflußanalyse, die meist über eine Pfadverfolgung erfolgt.

  > Regeln, die speziell Rückkopplungen (Zyklen) betrachten
  Beispiel: Rückkopplungen in rein kombinatorischen Schaltungsteilen müssen mindestens ein nicht transparent schaltendes Speicherelement enthalten.

  > Regeln, für die Rückkopplungen ohne Bedeutung sind
  Beispiel: Die SET/RESET-Eingänge der Speicherelemente müssen direkt mit dem primären SET/RESET-Eingang der Schaltung verbunden sein.

- Simulation
  Konstruktion eines einfachen "Simulationslaufs" mit der Angabe des erwarteten Ergebnisses.
  Beispiel: Ein definierter Prüfanfangszustand der Schaltung kann mittels einer Initialisierungsroutine unabhängig von dem aktuellen logischen Zustand der Schaltung eingestellt werden.

  > Untersuchung von Signalpropagationen während einer Taktphase (kein Transfer über speichernde Elemente hinweg)

  > Komplexe Simulation über mehrere Taktphasen

- Textmustervergleich (Patternmatching)
  Identifikation gewisser Textmuster, die in der Systembeschreibung vorhanden sein müssen oder nicht vorhanden sein dürfen.

Beispiel: Erzeugung und Ableitung von Impulsen dürfen nicht durch schaltinterne Verzögerungen erfolgen:

```
AT UP (ereignis) DO[1]
    SEQBEGIN
        b := 1 DELAY (5) ;
        b := 0 DELAY (7) ;
    END ;
```

Hierarchie

Viele Entwurfsregeln, die auf einer Hierarchieebene relativ einfach zu verifizieren sind, führen bei hierarchischen Analyseverfahren zu erheblichen Schnittstellenproblemen zwischen den einzelnen Hierarchieebenen. Dies gilt insbesondere für per Simulation zu überprüfende Schaltungseigenschaften, aber auch im Falle von bestimmten Strukturanalysen.

- Regeln, die sich nicht hierarchisch überprüfen lassen
  Beispiel: Ein definierter Prüfanfangszustand der Schaltung muß mittels einer Initialisierungsroutine einstellbar sein.

- Regeln, die sich hierarchisch überprüfen lassen
  Beispiel: Ein definierter Prüfanfangszustand der Schaltung muß extern über einen zentralen SET/RESET-Pin einstellbar sein.

  > Vertikale Hierarchie (über mehrere Abstraktionsebenen hinweg)

  > Horizontale Hierarchie (Teilschaltungen auf gleicher Abstraktionsebene)

Strukturbezug

Nach dem Gegenstand der Strukturanalyse unterscheiden sich:

- pfadorientierte Regeln , klassifiziert nach Pfadtypen:

  > Datenpfade
  Beispiel: Regeln, die sich auf sequentielle Tiefe von Datenpfaden beziehen.

  > Taktpfade
  Beispiel: Regeln, die sich auf Ableitung von Takten beziehen.

  > Steuerpfade
  Beispiel: Regeln, die sich auf Ansteuerbarkeit von TESTMULTIPLEXERN oder Speicherelementen beziehen.

- objektorientierte Regeln , klassifiziert nach Objekttypen:
  Beispiel: Regeln, die schaltelementspezifische Eigenschaften fordern.

  > speichernde Schaltelemente

  > kombinatorische Schaltelemente

---

[1]CAP/DSDL-Notation

Komplexität

- Regeln mit elementaren Forderungen (z.B. Eigenschaften einzelner Pfade)
  Beispiel: Taktleitungen dürfen nicht an Dateneingänge der Speicherelemente geführt werden.

- Regeln mit komplexen Forderungen (z.B. Schalteigenschaften ganzer Schaltwerke)
  Beispiel: Der Schaltungszustand muß für die Prüfung, unabhängig von der Frequenz, immer die gleiche Zuordnung von Taktschritt zu Ausgangszustand aufweisen.

Sukzessive Regelüberprüfung

Im folgenden wird eine Klassifizierung von DFT-Regeln bezüglich des in dieser Arbeit vorgestellten Verfahrens vorgenommen. Innerhalb dieser Klassifizierung gibt es sechs fein aufgeführte Gruppen.

Dabei liegt eine sukzessive Regelüberprüfung zugrunde. Eine Regel X ist genau dann "sukzessiv überprüfbar", wenn für jedes Element Y der Schaltung gilt:

'Wenn Regel X für die bisher betrachtete Schaltung nicht verletzt ist und das Hinzufügen von Element Y die Regel X ebenfalls nicht verletzt, dann wird die Regel X innerhalb der Schaltung einschließlich Element Y nicht verletzt.'

- vollständig lokale Regeln
  Regeln dieser Klasse beziehen sich nur auf ein Element und sind durch Informationen nur über dieses eine Element überprüfbar.
  Beispiel: Flipflops müssen jeweils mit CLOCK-, PRESET- oder CLEAR-Eingang ausgestattet sein.
  Eine sukzessive Überprüfung ist bei Regeln dieser Art leicht möglich.

- vorwärts lokale Regeln
  Regeln dieser Klasse beziehen sich nur auf ein Element, und Informationen über noch nicht betrachtete Schaltungsteile werden benötigt.
  Beispiel: Ausgänge von FFs, Zähler und Schieberegister müssen beobachtbar sein.
  Regeln dieser Art beziehen sich meist auf "Beobachtbarkeit"; sie gelten als nicht verletzt, wenn die Ausgaben zum Rande der bisher betrachteten Schaltung geführt werden, d.h., Ausgabepfade dürfen beim Hinzufügen eines Elementes nicht enden.

- rückwärts lokale Regeln
  Regeln dieser Klasse beziehen sich nur auf ein Element, und Informationen über bereits betrachtete Schaltungsteile werden benötigt.
  Beispiel: Ein definierter Prüfanfangszustand der Schaltung muß extern einstellbar sein.
  Regeln dieser Art beziehen sich meist auf "Einstellbarkeit". Die benötigten Informationen müssen grundsätzlich mitgeführt werden und an den Rändern der betrachteten Schaltung zur Verfügung stehen, so daß das hinzugefügte Element überprüft werden kann.

- Gruppenregeln
  Regeln dieser Klasse beziehen sich auf eine Gruppe (bezüglich der Topologie) von Elementen.
  Beispiel: Monostabile Schaltung ist nicht erlaubt.
  Regeln dieser Art beziehen sich meist auf "Kreise". Es muß bei diesen Regeln überprüft

werden, ob das aktuelle Element zu einer Gruppe gehört bzw. ob dadurch eine Gruppe entsteht, die anderen Elemente der Gruppe bestimmt werden und die Regel bezüglich dieser Gruppe überprüft wird.

- Separationsregeln
Regeln dieser Klasse beziehen sich auf das Teilen der Schaltung in verschiedene Bereiche (auf logischer Ebene).
Beispiel: Analoge und digitale Schaltungsteile müssen getrennt testbar sein.

- Ausnahmeregeln
Regeln dieser Klasse kommen zum Tragen, wenn eine Regel verletzt ist.
Beispiel: Im Falle einer nicht vermeidbaren logischen Redundanz müssen die Ausgangssignale direkt beobachtbar sein.
Regeln dieser Art beziehen sich im allgemeinen auf Beobachtbarkeit und sind "vorwärts lokalen Regeln" ähnlich.

7.3 Automatische Kontrolle der Prüfbarkeitsregeln

Da der Überblick über die Einhaltung der Entwurfsregeln leicht verloren geht, werden geeignete automatische Werkzeuge zur Überprüfung der Schaltungen benötigt. Solche Werkzeuge müssen frühzeitig im Entwurfsablauf einsetzbar sein, damit testunfreundliche Entwurfsdetails nicht unnötig lange irrtümlich verfolgt werden. Bei einem hierarchischen Entwurfsprozeß, der sich über mehrere Abstraktionsebenen erstreckt, werden diese Werkzeuge auf höheren Abstraktionsebenen eingesetzt. Außerdem sollen diese Werkzeuge folgenden Anforderungen genügen:

- Sie sollen interaktiv aufgerufen werden können und müssen deshalb schnell ablaufen.

- Sie sollen den hierarchischen Entwurf dadurch unterstützen, daß Teilschaltungen und Komplexe von Teilschaltungen auf Prüffreundlichkeit untersucht werden können.

- Sie sollen konkrete Hinweise auf prüftechnische Schwachstellen in der Schaltung geben sowie Hilfestellungen und Empfehlungen zur Behebung dieser Schwachstellen anbieten.

Grundsätzlich läßt sich die automatische Kontrolle der Einhaltung von prüftechnischen Entwurfsregeln nicht für jede Regel erreichen. Notwendige Voraussetzungen dazu ist eine hinreichende Formalisierbarkeit der in den Regeln enthaltenen Aussagen. So ist z.B. eine automatische Kontrolle der Regel bezüglich der Redundanz – im Logikplan muß logische und schaltungstechnische Redundanz vermieden werden – nicht möglich. Für viele Regeln ist die automatische Kontrolle jedoch möglich, wobei aufgrund der überwiegend strukturorientierten Regeln die Überprüfung vieler Regeln durch Pfadverfolgung erfolgt.

Die Überprüfung der nichtstrukturorientierten Regeln kann mit Hilfe von den Grundtechniken "Simulation" und "Textmustervergleich" (vgl. 7.2) erfolgen.

Die ersten, die ein automatisches Überprüfungswerkzeug für eine Anzahl von Regeln vorstellten, waren 1979 Godoy, Franklin und Bottorf von IBM [GODO79]. Mit ihrer Methode lassen sich die Testbarkeitsregeln für LSSD recht einfach überprüfen.

Bei näherer Betrachtung dieser Regeln erkennt man, daß sich die meisten Regeln auf Konfiguration und Kontrolle von bestimmten Pfaden im Netzwerk beziehen (z.B. scan path zwischen SRLs – shift register latches – und Datenpfade zwischen SRLs). Dies legt nahe, daß es möglich wäre, ein Netzwerk auf die Einhaltung dieser Regeln zu überprüfen, indem man ein Programm schreibt, das die einzelnen Pfade verfolgt, auf die sich die Regeln beziehen.

Die Idee, die hinter diesem Rule Check-System steckt, ist die Benutzung eines Logiksimulationsprogramms zur Verfolgung der Pfade. Für die primitiven logischen Funktionen wie AND, OR, NAND und NOR wurden neue sogenannte Verhaltensmodelle entwickelt. Ein Verhaltensmodell wird immer dann von dem Simulationsprogramm aufgerufen, wenn eine Ein- und Ausgabe-Berechnung für ein bestimmtes logisches Gatter durchgeführt werden muß.

Die Tatsache, daß die Verhaltensmodelle die Algebra, die zur Berechnung der Gatterausgabe benutzt wird, verändern können, macht es möglich, das Simulationsprogramm für verschiedene Verfolgungsoperationen zu verwenden.

Ein weiteres automatisches Überprüfungswerkzeug für Testbarkeitsregeln ist ARUC (Automatic RUle Check) im VENUS-System [HÖRB87]. ARUC behandelt einen fest vorgegebenen Satz von Entwurfsregeln und überprüft sie hierarchisch auf Gatterebene.

Dieses CAD-Programm benötigt die Netzliste der Schaltung sowie Zusatzinformationen über die verwendeten Zellen. Diese Zusatzinformationen sind in der Zellenbibliothek abgelegt. Anhand dieser Vorgaben wird eine Strukturanalyse der Schaltung durchgeführt, wobei graphentheoretische Algorithmen zur Pfadsuche (sowie Pfadverfolgung, Tiefensuche und Breitensuche) eingesetzt werden. Anhand des Pfadverlaufs und der im Pfad befindlichen Zellentypen lassen sich Verstöße gegen Regeln, die sich auf die Struktur beziehen, feststellen. Regeln, die sich auf das zeitliche Verhalten beziehen, können nicht direkt überprüft werden.

Bei der Untersuchung der bisher existierenden automatischen Überprüfungswerkzeuge kann man feststellen, daß sie zumindest zwei deutliche Einschränkungen mit sich bringen:

a) Sie behandeln nur einige bestimmte fest vorgegebene Entwurfsregeln.
b) Sie überprüfen die Entwurfsregeln auf einer tieferen Ebene (Gatterebene).

Durch a) sind solche Überprüfungswerkzeuge eingeschränkt. Sie veralten eben sehr schnell durch die ständig wechselnden Technologien.

Durch b) besteht die Gefahr, daß bei der Synthese der Gatterebenenbeschreibung Entwurfsdetails festgelegt werden, die erst nachträglich als im Widerspruch zu Entwurfsregeln stehend erkannt werden, so daß diese Entwurfsdetails anschließend bei einer Iteration des Syntheseschritts korrigiert werden müssen.

Diese Einschränkungen können dadurch behoben werden, daß das Überprüfungswerkzeug auf höherer Abstraktionsebene einsetzbar ist, und zwar nicht nur für fest vorgegebene Entwurfsregeln, sondern für – idealerweise – beliebige.

Kapitel 8

Anforderungen an ein Kontroll- system für Entwurfsqualität

Ein Kontrollsystem für strukturbeschreibende Entwurfsergebnisse muß sich mit seinen Merkmalen dem Entwurfsprozeß mit seinem zunehmenden Detaillierungsgrad anpassen. Zunächst wird es die in den frühen Phasen des Entwurfs möglichen Qualitätsmaße (Testbarkeit; d.h. Einstell- und Beobachtbarkeit) ermitteln und zur Beurteilung heranziehen.

Aus diesem Grund werden folgende Anforderungen an das Kontrollsystem gestellt:

a) Frühzeitige Einsatzmöglichkeit

Maßnahmen zur Erhöhung der Testbarkeit beziehen sich zwar in der Regel auf die Prüfbarkeit mit Fehlermodellen auf der Gatterebene, beinhalten jedoch häufig Bedingungen, die auf höheren Ebenen eine Entsprechung haben. Da diese Bedingungen meist struktureller Art sind, sind sie insbesondere nur auf der RT-Ebene gut sichtbar.

Bei einem hierarchischen Entwurfsprozeß, der sich über mehrere Abstraktionsebenen erstreckt, sollen solche Werkzeuge am sinnvollsten auf der RT-Ebene eingesetzt werden, da auf dieser Ebene erstmals Realisierungsstrukturen erkennbar sind. Dies hat insbesondere den Vorteil, daß auf dieser Ebene alle Strukturmerkmale und -informationen zur Verfügung stehen. Durch weiteres Absteigen in der Abstraktionshierarchie können nämlich viele nutzvolle Informationen verloren gehen und dadurch eine unbefriedigende Regelüberprüfung verursachen.

b) Hierarchische Schaltungsanalyse

Wenn man ein solches Werkzeug entwickelt, muß man bei der heutigen Komplexität der Schaltungen darauf achten, daß der hierarchische Entwurf voll unterstützt wird. Das heißt, daß Teilschaltungen und Komplexe von Teilschaltungen auf Testfreundlichkeit überprüft werden müssen. Außerdem ermöglicht die hierarchische Vorgehensweise einen Einsatz des Systems über die Ebenen System-Baugruppe-Baustein hinweg.

c) Flexibilität

Das dritte Merkmal ist eine Notwendigkeit bei den heutigen, ständig wechselnden Technologien. Es wird nicht mehr tragbar sein, für jedes neue Maß eine Modifikation der verwendeten Algorithmen vorzunehmen – wie es bei bekannten Ansätzen bezüglich automatischer DFT-Regelüberprüfung üblich ist (vgl. 7.3). Mit anderen Worten ist die Parametrisierung bzw. ein parametrisierbarer Algorithmus angesagt.

Das Kontrollsystem soll nicht nur die in den vorherigen Kapiteln vorgeschriebenen Maße untersuchen, um eine Beurteilung der Konsistenz (was zur Qualitätsbewertung führt) zu geben, sondern auch im Falle des nicht regelgerechten Entwurfs Hinweise für die weiteren Syntheseschritte geben.

Das alles weist auf die Entwicklung eines Werkzeugs hin, das erlaubt, den Entwurf frühzeitig (auf höheren Abstraktionsebenen; konkreter gesagt, auf der RT-Ebene) auf die Einhaltung beliebiger prüftechnischer Entwurfsregeln zu überprüfen. Die folgende Abbildung veranschaulicht grob das Kontrollsystem.

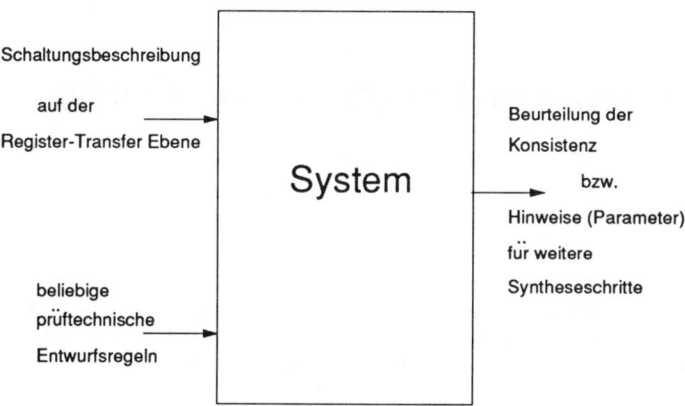

Abbildung 8.1: Abstrakte Spezifikation des Systems

Dieses System überprüft nun, ob die Beschreibung einer gegebenen Schaltung mit allen anzuwendenden prüftechnischen Entwurfsregeln verträglich ist. Falls nicht, identifiziert es den Verstoß.

Dabei sind die Entwurfsregeln nicht vorgegeben, sondern sollen von dem Benutzer frei formuliert werden. Eine Beschränkung auf strukturorientierte Regeln wird als zweckmäßig erachtet, da der überwiegende Teil prüftechnischer Entwurfsregeln ohnehin Strukturmerkmale anspricht (vgl. 7.2).

Kapitel 9

Testproblem und wissensbasierte Systeme

Das Testen von digitalen Schaltungen wurde durch die Zunahme der Komplexität integrierter Systeme immer schwieriger. Diese brachte einige Probleme mit sich, die mit konventionellen Techniken nur schwer zu lösen sind oder sehr viel Zeit beanspruchen. Oft können diese Schwierigkeiten nur von Experten auf diesem Gebiet gelöst werden. Diese Probleme stellen ein ideales Anwendungsgebiet für wissensbasierte Systeme dar.

Wie in Kapitel 7.3 erwähnt, existieren bereits algorithmisch arbeitende DFT-Regelüberprüfer. Die Ergebnisse, die sich mit diesen Systemen erzielen lassen, sind jedoch denen von erfahrenen Designern weit unterlegen. Die prüftechnischen Entwurfsregeln sind nicht als formale Algorithmen, sondern zum größten Teil nur als heuristisches Erfahrungswissen des Designingenieurs vorhanden. Dieses Expertenwissen muß nun irgendwie in eine formale Form gebracht werden, um dem Entwickler in einem automatischen DFT-Regelüberprüfer zur Verfügung zu stehen.

Es gibt einige Kriterien, die für den Einsatz von wissensbasierten Systemen klassifizierend sind:

- Es gibt keine berechenbare, exakte mathematische Methode, um ein Problem zu lösen.

- Ein heuristischer Ansatz ist notwendig.

- Bisher wurden zur Lösung der Probleme Spezialisten und Experten eingesetzt, die ein großes Fundament aus angesammeltem Wissen und Erfahrung besitzen.

- Es handelt sich um nichtstrukturierte Probleme.

Gerade für den Bereich des Testens, Entwurfs, der Simulation und Modellierung von elektronischen Schaltkreisen scheinen diese Kriterien zuzutreffen. Es gibt mehrere Forschungsaktivitäten auf diesen Gebieten. Siehe dazu [MANO85], [MAR84a], [MAR84b], [BREU85], [TAKA84], [GENE82], [GENE84], [UEHA85], [HORS83], [GULL85], [MAXI84] und [ABAD85].

In der Literatur wird vorgeschlagen, in folgenden drei Gebieten des Testens wissensbasierte Systeme anzuwenden:

1) Überprüfung prüftechnischer Entwurfsregeln

2) Testgenerierung

3) Fehlerdiagnose

Prüffreundlicher Entwurf

Bisher hing es von dem Designer ab, nach welchen Kriterien er den Schaltkreis testfreundlich gestaltet hat. Dazu hat er sich mit der Zeit ein gewisses Erfahrungswissen angeeignet.

Dieses Erfahrungswissen ist sehr unstrukturiert und läßt sich nicht immer durch Algorithmen ausdrücken. Entweder findet man für eine Regel keinen Algorithmus oder die Laufzeit ist zu lang.

Einige Ansätze für den Einsatz von wissensbasierten Systemen geben [GENE85], [CAPO86] und [HORS84]. Alle diese Ansätze unterscheiden sich nicht stark voneinander und behandeln nur einen fest vorgegebenen Regelsatz. Die Eingabe an das System besteht aus einer Entwurfsbeschreibung des Schaltkreises in Prolog. Das System prüft dann den Schaltkreis anhand der ebenfalls als Prolog-Klauseln vorliegenden DFT-Regeln. Stellt das System einen Verstoß gegen die Regeln fest, wird der Schaltkreis entweder durch die eingebauten Transform-Klauseln oder durch den Designer von Hand verbessert.

Testgenerierung

Die Generierung von Tests für komplexe integrierte Schaltkreise und für Boards, die mit solchen aufgefüllt sind, ist eine lebenswichtige Aktivität der ATE-Industrie. Algorithmische Methoden der Testgenerierung arbeiten zufriedenstellend nur für bestimmte Entwurfsmethoden und nicht allzu große Schaltkreise. Es gibt hier folgende Probleme:

- Es fehlt eine detaillierte Beschreibung des Schaltkreises vom Hersteller.

- Wie erstellt man Tests für Boards, die viele verschiedene Komponenten haben?

- Wie generiert man Tests für gemischte digitale und analoge Schaltkreise?

Diese Probleme werden momentan mittels großen Einsatzes von menschlicher Arbeitskraft gelöst, aber es ist oft sehr schwierig, die Güte der Lösung zu beurteilen. Es gibt mehrere Charakteristika, die die Tätigkeit von guten Testprogrammierern beschreiben:

- Gute Testprogrammierer benutzen selten theoretische Werkzeuge wie D-Algorithmus, Boolesche Differenzen und ähnliches.

- Test-Experten werden nicht durch Probleme behindert, die hundert oder tausend von Clock-Zyklen benötigen. Sie sind in der Lage, das Gesamtverhalten des Schaltkreises durch ein großes Vokabular zu beschreiben.

Die intellektuellen Methoden, die benutzt werden, hängen sehr stark vom Schaltkreistyp ab. Techniken, die für Prozessoren benutzt werden, taugen nicht für einen Schnittstellen-Kontroller.

Alle diese Kriterien sagen aus, daß das Testprogrammieren eine sehr wissensintensive Aufgabe ist und nicht nur eine algorithmische. Mit dieser Thematik beschäftigen sich u.a. folgende Arbeiten: [SON 85], [GUPT86] und [HIRG84]. 'Hirgelt' stellt in seinem Papier Methoden der Wissensrepräsentation zur Realisierung eines "Automatic Test Program Generator (ATPG)" dar. Dies ist ein Expertensystem zur automatischen Testgenerierung von in-circuit Tests für Boards.

Fehlerdiagnose

Stellt sich beim Testen ein Fehler ein, so ist es notwendig, den Fehler zu lokalisieren, um den Schaltkreis zu reparieren, also Komponenten oder Verbindungen auszutauschen. Ein Experte benutzt alle Testergebnisse, um den Fehler zu lokalisieren. Dies unterscheidet sich von automatischen Techniken. Dort wird meistens nur der Fehler betrachtet, und die anderen Testergebnisse gehen in die

Beurteilung nicht ein. Ein Experte ist jedoch dazu in der Lage, genau die Tests zu betrachten, die für den aufgetretenen Fehler wichtig sind, und andere zu ignorieren. Hier geht der Spezialist nach seinem angesammelten Erfahrungswissen vor. Also auch ein Anwendungsgebiet für wissensbasierte Systeme. Ein Anwendungsbeispiel hierzu ist DART (Diagnostic Assistance Reference Tool) aus [GENE82] und [BEN81a]. Einige weitere Arbeiten sind aus [ESHG82], [DUDA83], [MULL84] und [WILK84] zu entnehmen.

9.1 Allgemeines System

Wissensbasierte Systeme sind Hardware-/Softwaresysteme zur Bewältigung von Aufgaben, die ein hohes Maß an Intelligenz und Wissen voraussetzen. Ein Hardware-/Softwaresystem ist dann als intelligent zu bezeichnen, wenn es den Turing-Test besteht [MERT83]: Durch einen Menschen gestellte Fragen werden nach dem Zufallsprinzip von einer Maschine oder von einem anderen Menschen beantwortet. Der Fragesteller muß erraten, von wem die Antwort stammt; irrt er sich in mehr als fünfzig Prozent der Fälle, wird die Maschine als intelligent definiert. Solche intelligenten Hardware-Softwaresysteme (Expertensysteme) sind in der Lage, mehr oder weniger autonom Probleme aus einem meist eng abgegrenzten Fachbereich zu lösen. Als Konsultationssysteme bieten sie im Dialog mit dem Benutzer Lösungsvorschläge für ein Problem an und sind auch in der Lage, diese Lösungen zu begründen.

Eine eingeschränkte Form der Konsultation ist der Einsatz als Checklistensystem, das fallspezifische Checklisten abarbeitet [BASD83]. Eine andere Form der Konsultation besteht in dem Einsatz als Trainingssystem mit einem dem Benutzer angepaßten Trainingsprogramm (z.B. Ada * TUTOR für die Computer-unterstützte Unterweisung in der Programmiersprache Ada).

Aus dem Gesagten geht hervor, daß der Aufgabenbereich solcher Systeme durch gewisse Einschränkungen gekennzeichnet ist [PANY83]:

- Der Aufgabenbereich wissensbasierter Systeme sollte isolierbar und nicht zu umfangreich sein.

- Der Aufgabenbereich sollte wissenschaftlich weitgehend geklärt sein (Existenz von Fachliteratur).

- Für den Aufgabenbereich existieren menschliche Experten.

Die menschlichen Experten müssen über Spezialwissen, Erfahrung und Urteilsvermögen verfügen sowie ihre Expertise mitteilen wollen und können.

Die Grundlage eines wissensbasierten Systems ist natürlich Wissen. Wissen in diesem Zusammenhang umfaßt drei Arten von Wissen:

- generelles Fachwissen, etwa kausales Verständnis,

- spezielles Fachwissen, d.h. Faktenwissen,

- heuristisches Wissen, d.h. Faustregeln, unexaktes (fuzzy) Wissen und subjektive Erfahrungswerte der Experten.

Wissensbasierte Systeme sind ein Arbeitsfeld der künstlichen Intelligenz, die seit etwa Mitte der 50er Jahre zwei Ziele verfolgt: Analyse und Erklärung menschlicher Intelligenzleistung sowie Nutzen der

gewonnenen Erkenntnisse für den Bau entsprechender Maschinen. Das erste System zum rechner-
gestützten Problemlösen war DENDRAL, mit dem seit 1965 chemische Strukturformeln ermittelt
werden.

Die Erfahrungen der 60er Jahre zeigten, daß die Fortschritte auf dem Gebiet der künstlichen Intelligenz weniger von der Verfolgung heuristischer Suchtechniken als durch den Aufbau von Wissens-
basen zu erwarten sind. Seitdem ist die Frage nach der adäquaten Wissensdarstellung von zentraler
Bedeutung.

Die Bemühungen auf dem Gebiet der wissensbasierten Systeme haben inzwischen zu mehr als hundert konkreten Lösungen – meist im akademischen Bereich – geführt, die folgenden Anwendungs-
gebieten zugeordnet werden [RAUL82]:

- Interpretation (Analyse von Meßdaten, Sprach- oder Bildsignalen)

- Diagnose (Analyse von Fehlerzuständen und -ursachen in physikalischen oder biologischen
  Systemen)

- Planung (chronologische Anordnung von Handlungsschritten)

- Konstruktion (Aufbau von Systemen nach Spezifikation)

- Beweistechnnik (Richtigkeitsnachweis mathematischer Sätze)

- Tutoring (Vermittlung von Wissen)

9.2 Aufbau wissensbasierter Systeme

Die Grundlage eines wissensbasierten Systems ist natürlich Wissen. Dieses Wissen wird separat in
einer *Wissensbank* gespeichert. Es kann sich hier um Regelwissen und auch Faktenwissen handeln.
Dieses Wissen wird von einer anwendungsgebietsunabhängigen *Inferenz-Prozedur* benutzt, um an
das System gestellte Fragen zu beantworten. Man benötigt also eine Methode, um Wissen über
ein bestimmtes Anwendungsgebiet zu beschreiben. Dieser Prozeß des "Beschreibens" beginnt mit
dem Entwurf eines Konzeptes über die auftretenden Objekte und Beziehungen der Objekte zueinander. Die Bezeichnungen der Objekte und die Art der Beziehungen müssen festgelegt werden.
Die Beschreibung der Objekte kann sehr weit gefaßt sein. Es kann sich um eine *konkrete* (z.B. ein
spezieller Schaltkreis, eine spezielle Person) oder um eine *abstrakte* (z.B. die Menge aller Integers,
die Menge aller Menschen) Beschreibung handeln. Des weiteren benötigt man eine formale Sprache,
mit der man das Wissen über das Anwendungsgebiet aufschreiben kann. Unabhängig von der Art
der Regeln und der Testtechniken, die überprüft werden sollen, besteht also ein wissensbasiertes
System (z.B. für DFT) aus folgenden vier Basiskonzepten: Wissensbank, Inferenz-Mechanismus,
Benutzer-Schnittstelle und Wissenserwerbskomponente.

Wissensbank

Die Wissensbank stellt das Herz jedes Systems dar. Leistet die Wissensbank wenig, dann erfüllt
das ganze System seine Aufgabe nicht. Folgende Problembereiche müssen hier beachtet werden:

- Wissensdarstellung

  Es muß eine geeignete Sprache gefunden werden, um Wissen aufzuschreiben. Von vielen
  Systemen wird hier Prolog benutzt, was jedoch einige Nachteile mit sich bringt:

  – Bisherige Interpreter sind nicht sehr effizient implementiert.

– Die Anzahl der Klauseln ist beschränkt.

– Analogie- oder Abstraktionsregeln lassen sich nur sehr schwer formulieren.

- Regeleingabe
  Der Versuch, Expertenwissen in eine Wissensbank einzufügen, kann nur gelingen, wenn man einen Experten zur Verfügung hat, den man befragen kann. Dieses Befragen ist ein weiteres schwieriges Problem. Der Experte ist sich seines heuristischen und intuitiven Wissens meistens gar nicht bewußt. Ein sogenannter "Knowledge Engineer" (KE) wird hier benötigt, um den Experten geeignet zu befragen. Eine weitere Aufgabe des KE ist es auch, das erfragte Wissen formal aufzuschreiben, was immer noch ein Problem darstellt.

- Umfang der Wissensbank
  Es soll nicht nur möglich sein, DFT-Regeln für eine bestimmte Teststrategie zu überprüfen. Wünschenswert wäre ein System, das alle existierenden Teststrategien vereinigt. Das führt zu dem Problem, ein intelligentes Verfahren zu entwickeln, eine speziell benötigte Testmethode für ein Schaltkreiselement auszuwählen.

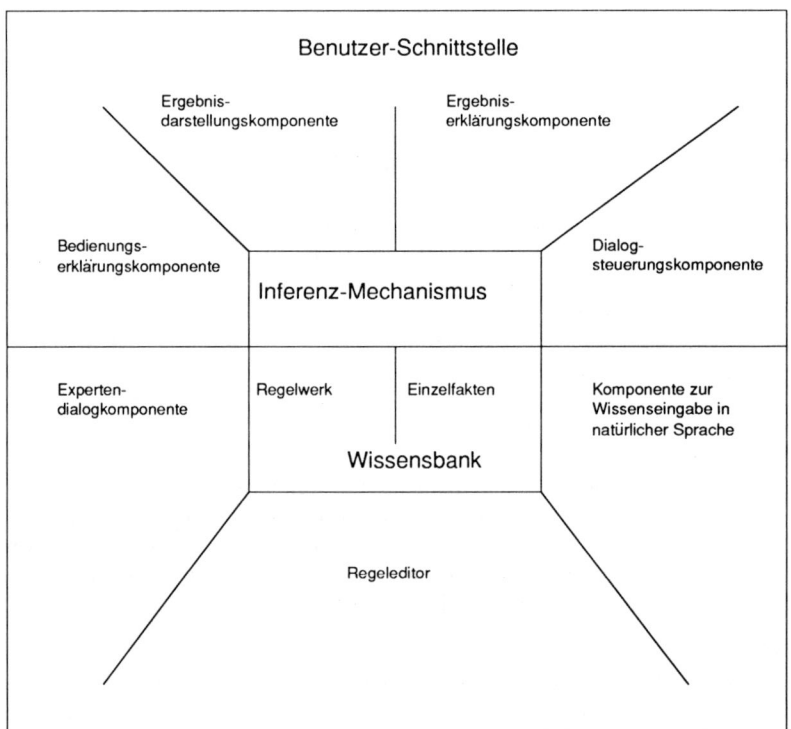

Abbildung 9.1: Grundsätzlicher Aufbau eines wissensbasierten Systems

Inferenz-Mechanismus

Die Inferenz-Prozedur soll in der Lage sein, den Lösungsraum abzugrenzen, um dadurch bessere Ergebnisse schnell erzielen zu können. Sie soll z.B. einen Schaltkreis in geeignete Subschaltkreise aufteilen, für die schon spezielle DFT-Regeln existieren.

Benutzer-Schnittstelle

Stellt das System eine Verletzung einer DFT-Regel fest, so muß es den Benutzer über die Art und den Ort der Verletzung informieren. Ebenfalls sollte es in der Lage sein, einen Vorschlag zur Behebung dieser Verletzung zu machen und seine Schlußfolgerung zu begründen.

Eine weitere Komponente sollte ein Schaltkreiseditor sein. Der Designer wird somit sofort zu dem Ort der Verletzung geführt und kann den Schaltkreis entsprechend editieren.

Wissenserwerbskomponente

Im Rahmen des Aufgabenbereichs der wissensbasierten Systeme kommt der Unteraufgabe des Wissenserwerbs mit zunehmendem praktischen Einsatz eine steigende Bedeutung zu. Diese Unteraufgabe ist nicht frei von Problemen. [HAYE83] definiert Wissenserwerb "als einen Transfer und eine Transformation von Problemlösungsexpertise von einer Wissensquelle zu einem Programm".

Der weitaus häufigste Fall ist die Abbildung des Expertenwissens mittels eines menschlichen Vermittlers: Der Knowledge Engineer analysiert Wissen und Denkprozesse des Experten, formalisiert sie mit dessen Hilfe und bildet die Ergebnisse auf den Kernkomponenten des wissensbasierten Systems ab. In Ansätzen findet sich auch die Transformation von Expertenwissen durch intelligente Dialogprogramme. Voraussetzung ist hier allerdings bereits die Existenz eines wissensbasierten Systems, dessen Leistung im Aufdecken von Fehlern, Widersprüchen und Lücken im neu eingegebenen Wissenskomplex besteht, sowie in einer Vernetzung mit dem bereits vorhandenen Wissen.

Ein anderer Weg des Wissenserwerbs könnte darin bestehen, aus großen Datenmengen (z.B. Meßwerte) ohne menschliche Interpretation Wissen zu selektieren. Auch in diesem Fall müssen Teilkomponenten eines wissensbasierten Systems existieren, die mittels Induktion aus den Datenmengen Regularitäten, Zusammenhänge und Gesetzmäßigkeiten ableiten können. Das Lernen durch Beispiele stellt eine Mischform des ersten und des zuletzt geschilderten Transformationsprozesses dar: Der menschliche Experte selektiert relevante Beispiele, das System bereichert sein Wissen mittels implementierter Generalisierungsmechanismen.

Anders als bei Datenmengen ist das Wissen in der Fachliteratur bereits strukturiert und teilweise explizit formuliert. Dennoch ist die automatische Wissensextraktion aus der Literatur zur Zeit noch ein Forschungsgebiet. Der heute am meisten beschrittene Weg der Wissensakquisition ist der der Interaktion zwischen einem menschlichen Experten und einem Knowledge Engineer [HAYE83].

9.3 Arbeitsweise

Wissensbasierte Systeme werden sehr häufig als Produktionssysteme aufgebaut, deren Arbeitsweise hier kurz umrissen wird. Die Abarbeitung der Regeln erfolgt in einem dreiphasigen Zyklus: Regelauswahl, Aktion, Test.

Die Regelauswahl bedeutet in der Praxis zunächst eine Vorauswahl infrage kommender Regeln. Unter diesen Regeln wird dann jene ausgewählt, bei der der linke Teil mit seiner KonstantenVariablen-Konstellation (pattern) mit der aktuellen Datenkonstellation (instance) in Übereinstimmung steht (pattern matching). Falls die linken Seiten mehrerer Regeln in Übereinstimmung stehen mit der aktuellen Datenkonstellation, d.h. also im Konfliktfall, muß eine Regel ausgewählt werden. Diese

Auswahl kann anhand von Prioritätsbeziehungen zwischen den Regeln (z.B. über die Reihenfolge) oder auch zufällig erfolgen.

Ist also eine Regel ausgewählt, dann wird deren rechte Seite zur Ausführung gebracht. Bei Systemen, für die plausibles Schließen charakteristisch ist, wird anschließend ein Plausibilitätsmaß ausgerechnet. Dabei sind vorwiegend drei Fälle zu berücksichtigen:

- die Anwendung einer unzuverlässigen Regel mit einer einzigen Prämisse,

- die konjunktive Verknüpfung mehrerer ungewisser Prämissen,

- die sogenannte Evidenzverstärkung, falls eine Aussage auf mehreren Wegen abgeleitet werden kann.

Auch für das Bestimmen von Plausibilität hat sich noch keine einheitliche Linie durchgesetzt (siehe [CHEE83] und [ZADE83]).

9.4 Logische Programmierung und Prolog

Die logische Programmierung stellt ein grundlegendes Konzept für die Verarbeitung heuristischen Wissens dar. Logik ist die Fähigkeit, folgerichtig zu denken, also die Lehre vom richtigen Schließen aufgrund gegebener Aussagen. Z.B. mit der Kenntnis, daß Bruno der Vater von Manfred ist und ein Vater ein Teil der Eltern ist, so ist der Schluß richtig, daß Bruno zu Eltern von Manfred gehört. Beim logischen Programmieren wird in der Datenbank eine Menge von Voraussetzungen über ein bestimmtes Anwendungsgebiet definiert, und die Maschine muß nun daraus die Schlüsse ableiten, die sich logisch implizieren lassen.

Die Forschung in *mathematischer Logik* und *künstlicher Intelligenz* hat zur Entwicklung vieler solcher wissensunabhängiger Inferenz-Prozeduren geführt. Die meisten Inferenz-Prozeduren gehen so vor, daß sie aus bekannten Fakten neue ableiten und die so gewonnenen neuen Fakten nun ebenfalls zum weiteren Schließen benutzen. Diese Methode des von den bekannten Fakten ausgehenden Schließens zum Beweisen einer Aussage nennt man *Deduktion*.

Eine spezielle Methode der Deduktion ist die *Resolution*. Sie ist die am meisten untersuchte Methode, die auch von vielen Systemen benutzt wird. Das Prinzip ist folgendes: Gegeben sei eine Klausel mit einem Atom p auf der linken Seite von ":-" ("falls") und eine andere Klausel mit diesem gleichen Atom p auf der rechten Seite von ":-". Nun ist es möglich, eine neue Klausel abzuleiten, bei der die linke Seite von ":-" aus der Vereinigung der beiden linken Seiten der beiden Ausgangsklauseln ist, allerdings ohne das Atom p. Die rechte Seite wird ebenfalls aus der Vereinigung der beiden rechten Seiten ohne das Atom p gebildet.

Beispiel:

Folgende Klauseln seien vorhanden:

K_1: p(a , b) :- f(a , b).

K_2: g(a , c) :- p(a , b), p(b , c).

Das Atom $p(a , b)$ taucht sowohl auf der linken Seite von K_1 als auch auf der rechten Seite von K_2 auf. Nun kann die neue Klausel nach der eben erklärten Methode wie folgt abgeleitet werden:

g(a , c) :- f(a , b), p(b , c).

Dieses Beispiel war sehr einfach, da die beiden Atome *(p(a , b))* identisch waren. Die Resolution kann aber mehr. Sind zwei Atome nicht identisch, können aber durch eine Belegung der vorkommenden Variablen identisch gemacht werden, so ist ein Resolutionsschritt ebenfalls möglich. Dieser Prozeß der Variablen-Belegung nennt man *Unifizierung*.

Automatisches Beweisen mittels Resolution ist ein kombinatorischer Prozeß. Es gibt gewöhnlich eine große Anzahl von Schlüssen, die sich aus einer anfänglichen Wissensbank ziehen lassen. Mittels dieser neuen Klauseln sind nun weitere Schlüsse möglich. Um eine effiziente Berechnung zu erhalten, ist es wichtig, die Klausel für den nächsten Resolutionsschritt auszuwählen, die am erfolgversprechendsten ist. Diese Entscheidung ist natürlich nicht einfach zu treffen.

Ein erster einfacher Ansatz ist das Auswählen der Klauseln in einer festen, aber willkürlichen Reihenfolge. Prolog ist das beste Beispiel für diesen Ansatz.

Gestartet wird bei Prolog mit einer Klausel der Form :- q_1, ..., q_n. Nun sucht Prolog die erste Klausel der Form q :- p_1, ..., p_m in seiner Datenbank, so daß q mit q_1 unifiziert werden kann. Dieser Prozeß wird rekursiv fortgesetzt, bis die leere Klausel abgeleitet werden kann [CLOC81].

Tritt allerdings ein Fehler während der Rekursion auf, kann z.B. zu einem Atom r kein passendes Atom auf der linken Seite einer Klausel gefunden werden, mit dem r unifiziert werden kann, so tritt an dieser Stelle *Backtracking* in Kraft. Es wird im Ableitungsbaum nach oben gegangen und eine Stufe höher eine andere Klausel zur Resolution benutzt. Dieses Suchen einer anderen passenden Klausel geschieht immer in der gleichen Reihenfolge durch die Datenbank.

Der Nachteil dieses Vorgehens ist die potentielle Ineffizienz, die hier versteckt sein kann. Achtet der Programmierer nicht darauf, in welcher Reihenfolge er die Klausel seiner Datenbank aufschreibt, so kann es sogar zu einer Endlosrekursion kommen.

9.5 ADT Frame

Die Ergebnisse des Wissenserwerbs müssen formalisiert werden. Bei dieser Formalisierung muß insbesondere der Zusammenhang zwischen Daten und Hypothesen formal dargelegt werden. Mögliche Parameter, die wichtig für die Interpretation der Daten sind (z.B. Reihenfolge, Zeit), werden offengelegt; desgleichen Kriterien, die der Selektion relevanter Daten aus großen Datenmengen dienen. Schließlich wird ein formales Modell des Lösungsprozesses erstellt; dieser kann objektverhaltensorientiert, analytisch oder statisch sein. Wichtig ist es auch – eventuell nach Hinzuziehung zusätzlicher Experten –, die Reihenfolge der Regeln zu überprüfen.

Für die Wissensrepräsentation existieren heute im wesentlichen fünf Möglichkeiten: Logik, Frames, semantische Netze, Prozeduren und Produktionssysteme. Hier wird nur auf Frames kurz eingegangen.

Der abstrakte Datentyp *Frame* eignet sich zur Darstellung von beliebigen Daten, die Abhängigkeiten gleicher Art beinhalten. Solche Abhängigkeiten sind z.B. dann gegeben, wenn Objekte beschrieben werden sollen, welche alle dieselben Eigenschaften haben. Es bietet sich dann an, einmal den Typ der sich ähnelnden Objekte dadurch zu beschreiben, daß alle Gemeinsamkeiten in Form eines Typknotens abgelegt werden. Für jedes individuelle Objekt wird dann ein Ausprägungsknoten generiert, an dem alle speziellen Informationen abgelegt werden, sowie eine Referenz auf seinen Typknoten, um zu allen allgemeinen Informationen gelangen.

Sowohl zur Darstellung der Objekte als auch zur Darstellung der Objekttypen können Frames verwendet werden. Der Aufbau eines Frames kann wie folgt beschrieben werden:

Ein Frame besteht auf der obersten Ebene aus seinem Namen und einer Menge von Slots, mit deren Hilfe ein Objekt vollständig beschrieben werden kann [MINS75]. Man kann sich darunter eine Kommode (ein Frame) mit diversen Schubladen vorstellen. Jede Schublade entspricht einem Slot.

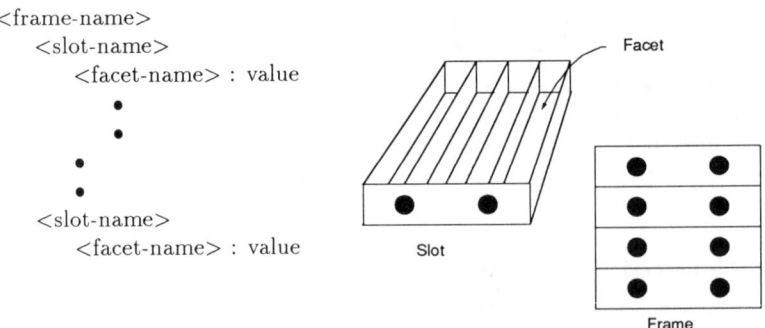

```
<frame-name>
    <slot-name>
        <facet-name> : value
        •
        •
        •
        •
    <slot-name>
        <facet-name> : value
```

Abbildung 9.2: Aufbau von Frames

Ein Slot stellt im allgemeinen ein Attribut des Objekts dar und besteht aus seinem Namen und aus Mengen von Facets (entsprechen den Fächern innerhalb der Schubladen), denen Werte zugewiesen werden können. Diese Werte können integer, strings, Listen oder komplexe Objekte sein. Ein Facet kann verschiedene Aufgaben erfüllen. Der einfachste Fall liegt vor, wenn ein Facet einen Wert darstellt (value-Eintrag). Ein Facet kann jedoch auch einen Funktionsaufruf enthalten, mit dem ein Wert berechnet werden kann (if_needed-Eintrag). Die möglichen Werteinträge sind value- und default-Facets, und die wichsigsten Funktionsaufrufe sind if_needed, if_removed (wird aufgerufen, wenn ein Wert entfernt werden soll) und if_added (wird aufgerufen, wenn ein Wert hinzugefügt werden soll).

Referenzen von Objekten zu übergeordneten Objekten werden durch ako-Slots (a kind of-Einträge) definiert, wodurch ein Hierarchiebaum von Typknoten erzeugt wird, dessen Blätter die eigentlich darzustellenden Objekte bilden. Redundante Informationen werden bei geeigneter Wahl des Objektbaums auf ein Minimum beschränkt.

9.5.1 Beispiel zu Frames

Die Darstellung gegebener Objekte in Form von Frames und deren Zugriffsmechanismen in Form von Frame-Routinen soll anhand eines kleinen Beispiels erläutert werden, dessen zu verwaltenden Objekte beliebig viele Würfel verschiedener Abmessung sein sollen:

Die Breite, Tiefe, Höhe, Grundfläche und das Volumen eines Würfels sind durch die Länge einer Kante vollständig definiert. Um eine beliebige Anzahl von verschiedenen Würfeln darzustellen, ist es überflüssig, für jeden Würfel die Breite, Tiefe, .. anzugeben.

Durch Einführung des Typs *Würfel* als Typknoten können die Gemeinsamkeiten an diesem abgelegt und für jeden zu verwaltenen Würfel eine Ausprägung in Form eines Ausprägungsknotens dargestellt werden. Die einzigen Informationen, die an einem Ausprägungsknoten abgelegt werden, bestehen somit aus einem Verweis zu seinem Typknoten (d.h. dem Hinweis, daß das Objekt ein Würfel ist) und der Länge einer Kante.

Die Definition des Typknotens enthält zum einen default-Werte und zum anderen Funktionen, die die geforderten Informationen berechnen (die Angabe der Frames ist in Prolog-Notation angegeben):

```
würfel( ako, value, super ).
würfel( dimension, default, 0 ).
würfel( breite, if_needed, dimension_get ).
würfel( tiefe, if_needed, dimension_get ).
```

würfel(höhe, if_needed, dimension_get).
würfel(fläche, if_needed, fläche_get).
würfel(volumen, if_needed, volumen_get).[1]

Für die Angabe des Typknotens Würfel fehlen noch die Funktionen, die bei einem Zugriff auf einen if_needed-Slot ausgewertet werden:

dimension_get(Frame, Kantenlänge) :-
    frame_get(Frame, dimension, Kantenlänge).
fläche_get(Frame, Fläche) :-
    frame_get(Frame, dimension, Kantenlänge),
    Fläche ist Kantenlänge * Kantenlänge.
volumen_get(Frame, Volumen) :-
    dimension_get(Frame, Kantenlänge),
    fläche_get(Frame, Fläche),
    Volumen ist Fläche * Kantenlänge.

Die Ausprägung eines Würfels mit Kantenlänge 5 Längeneinheiten ist somit durch

w1(ako, value, würfel).
w1(dimension, value, 5).

vollständig definiert.

Der Vererbungsmechanismus des ADT Frames sorgt dafür, daß der Ausprägungsknoten w1 eine Breite, Tiefe, Höhe, Fläche und ein Volumen erhält.

Eine vollständige Auflistung aller zu dem Konzept der zum ADT Frame gehörenden Frame-Routinen sowie weitere Erläuterungen befinden sich in [CUAD86].

---

[1] Die hier gewählte Implementierung der Frames läßt jedes (slot, facet, value)-Tripel als ein Prädikat repräsentieren, dessen Kopf der Name des Frames ist.

Kapitel 10

Prototyp eines regelbasierten Systems zur Überprüfung prüftechnischer Entwurfsregeln

Ein System zur regelbasierten Überprüfung der DFT-Regeln verfügt über eine spezielle Expertise. Diese Spezialisierung bestimmt Aufgaben und Struktur seiner Komponenten, aber besonders die Regeln, durch die sich das Spezialwissen repräsentiert. Ein solches System zeichnet sich nicht unbedingt durch komplizierte Schlußfolgerungsmechanismen aus.

Der hier vorgestellte Ansatz entspricht der Problemstellung, da die eigentliche Überprüfung der Regeln bei geeigneter Vorgabe ein algorithmisches Verfahren ist. Der Einsatz des wissensbasierten Systems wird hier auf die Eingabe, in diesem Sinne das Verstehen und Interpretieren der DFT-Regeln, konzentriert.

Die in Kapitel 9 erwähnten Ansätze, die auf einer Formulierung der DFT-Regeln in IF-THEN-Form vom Benutzer selbst beruhen, eignen sich nicht für beliebig formulierte Regeln. Dabei müßten die DFT-Regeln mit Hilfe eines Vokabulars in prädikatenlogischer Form ausgedrückt in IF-THEN-Regeln eingegeben werden. Dadurch entstehen aber einige Probleme. Die Zusammensetzung des allgemeinen und festen Vokabulars reicht nicht aus, um eine Überprüfung beliebig vorgebbarer Regeln zu ermöglichen. Das liegt einfach daran, daß die Information über die Schaltungsbeschreibung, die zur Überprüfung beliebiger Regeln nötig ist, zu komplex ist, um durch ein festes Vokabular abgedeckt zu werden.

Dem hier vorgestellten Ansatz bezüglich der Problemstellung entsprechen folgende drei Aufgaben:

* Formulierung von Regelsätzen
  Nicht selten hat es z.B. im Verlauf dieser Arbeit Diskussionen über die Interpretation von natürlichsprachlich formulierten DFT-Regeln gegeben. Sie werden nämlich oft sehr unterschiedlich interpretiert. Das Ziel hierbei ist die Formulierung der im Kopf des Benutzers (abstrakt) vorhandenen DFT-Regeln zur späteren Steuerung der Schaltungsanalyse.
  Zur Formulierung der Regeln ist die Kommunikation mit den Personen, die diese definieren, notwendig. Außerdem verlangt es eine gewisse Heuristik, um diesen Personen ihre Aufgabe zu erleichtern. Mit den Merkmalen der Heuristik und Kommunikation (sprich: Dialog) erscheint dieser Problemkreis wie geschaffen für einen Lösungsansatz mit Hilfe eines wissensbasierten Systems.

* Umsetzung der RT-Beschreibung in einen attributierten Schaltungsgraphen
  Eine RT- oder Gatterebenenbeschreibung einer Schaltung besteht in der hier zugrundegelegten

Abstraktion zunächst einmal aus irgendwelchen Schaltungselementen, die irgendwie untereinander verbunden sind.

Der hier vorgestellte Ansatz zur hierarchischen DFT-Analyse benötigt als Eingabe eine strukturelle Beschreibung des zu analysierenden Schaltungsentwurfs auf RT- oder Gatterebene. Diese Beschreibung benutzt zur Darstellung der Schaltungstopologie eine spezifische Ausprägung des gerichteten Graphen. Weitere Bestandteile der Beschreibung sind Attributierung der Knoten auf dem Schaltungsgraphen sowie DFT-Beschreibungen einzelner Schaltungskomponenten.

* Analyse der Schaltungsstruktur

Im Gegensatz zu den in Kapitel 9 erwähnten Verfahren werden bei dem hier vorgestellten Ansatz alle Informationen, die zur Identifizierung regelwidriger Strukturen notwendig sind, nebenläufig generiert. Es handelt sich hier um einen parametrisierbaren Algorithmus. Regelverletzungen bewirken die Ausgabe der Verletzungsursache und ihrer Lokalisierung in der Eingabeschaltung.

10.1 Systemarchitektur

Das System besitzt auf der obersten Ebene die von der Abb. 10.1 wiedergegebenen Komponenten.

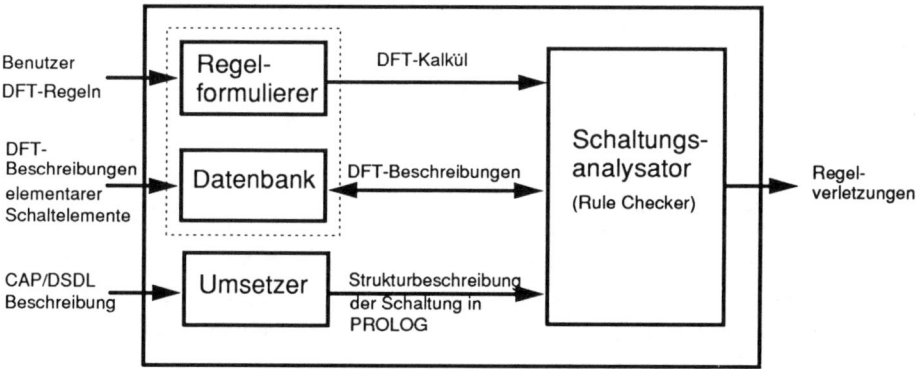

Abbildung 10.1: Systemarchitektur

Der Benutzer gibt die von ihm definierten DFT-Regeln in das System ein. Der Regelformulierer setzt diese dann in DFT-Kalkül-Regeln um, die an den Rule Checker weitergeleitet werden. Der Rule Checker führt anhand der eingegebenen Schaltungsbeschreibung eine Regelüberprüfung durch und reicht dann die eventuell vorhandenen Regelverstöße mit ihrer genauen Lokalisierung aus. Für den Fall, daß keine Regelverstöße vorliegen, werden die notwendigen Informationen über den analysierten Teil der Schaltung in Form von DFT-Beschreibungen (vgl. 10.4) für die weitere hierarchische Analyse in der Datenbank abgelegt. Die DFT-Beschreibungen elementarer Schaltelemente sind vor der eigentlichen Analyse von dem Benutzer bereitzustellen, wobei diese jeweils sehr eng von dem aktuellen Regelsatz abhängen.

10.2 Eingabe der Schaltungsbeschreibung

In dem zu entwickelnden Gesamtsystem übernimmt der Rule Checker die Funktion der Schaltungsanalyse. Die Grundlage der Analyse bilden eine aus der eingegebenen Schaltung extrahierte Strukturbeschreibung sowie die in einer dem Rule Checker zugänglichen Datenbank abzulegenden DFT-Beschreibungen aller in der Schaltungsbeschreibung vorkommenden elementaren Schaltelemente.

Eine komplexe Schaltungsbeschreibung beinhaltet eine mehr oder minder große Zahl beliebig ineinander verschachtelter Schaltungselemente. Jedem dieser komplexen Schaltungselemente ist ein separater Schaltungsgraph zugeordnet. Für jeden Schaltungsgraphen ist grundsätzlich eine getrennte Analyse vorzunehmen, wobei alle in einer Schaltung enthaltenden Teilschaltungen durch vorherige Analysen auf Fehlerfreiheit zu untersuchen sind.

Der *Strukturbaum* einer Schaltung gibt die hierarchische Anordung der Verschachtelungen wieder und beschreibt somit die Schaltungstopologie. Die Knoten des Strukturbaums werden durch die Schaltungsgraphen auf den jeweiligen Hierarchieebenen definiert, wodurch die zu wählende Bearbeitungsreihenfolge festgelegt ist. Die Schaltungsgraphen werden demgemäß durch einen Postorder-Durchlauf durch den Strukturbaum an den Rule Checker direkt übergeben.

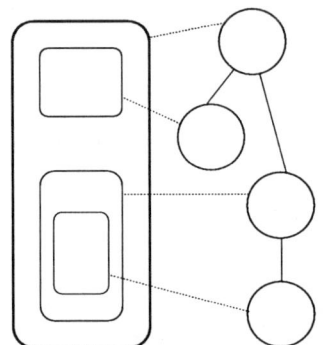

Logischer Aufbau einer Schaltung   Strukturbaum

Abbildung 10.2: Hierarchischer Aufbau einer Schaltungsbeschreibung

Des weiteren wird für die Lokalisierung von eventuell auftretenden Regelverletzungen eine Verweisdatei benötigt, die den Zusammenhang zwischen Schaltungsbeschreibung und Schaltungsgraphen herstellt.

Die Ausgabe des dem eigentlichen Rule Checker vorgeschalteten CAP → PROLOG-Umsetzers besteht aus Sicht des Rule Checkers demnach aus folgenden Elementen:

- Steuerdatei mit dem Strukturbaum der Schaltungsbeschreibung
- attributierte Schaltungsgraphen aller Teilschaltungen
- Verweisdatei zwischen Hardwarebeschreibung und Schaltungsgraphen

Der Einfachheit halber wird jeder Schaltungsgraph in eine gesonderte Datei abgelegt, wodurch der Strukturbaum aus Namen der entsprechenden Dateien aufgebaut werden kann.

10.2.1   Definition eines Schaltungsgraphen

Die Analyse einer Schaltung besteht aus einer durch den Strukturbaum gesteuerten Menge von Schaltungsgraphanalysen. Jede Schaltungsgraphanalyse ist dabei ein für sich selbst abgeschlossener Prozeß, dessen Grundlage jeweils eine zusammenhängende Teilschaltung einer Hierarchieebene bildet. Ein Schaltungsgraph kann wie folgt definiert werden:

Ein aus einer Schaltungsbeschreibung abgeleiteter *Schaltungsgraph* G = (V,T,E) ist ein gerichteter Graph mit:

- V = { V_1 , V_2 , .. , V_n }
  ist die Menge aller *Knoten*, welche die Schaltungselemente repräsentieren;

- T = { $T_{1,1}$, .. , T_{1,m_1} , .. , T_{n,m_n} }
  ist die Menge aller *Terminals*, wobei die Terminals { $T_{i,1}$, .. , T_{i,m_i} } zum Knoten V_i gehören und die Ein- und Ausgänge der Schaltungselemente repräsentieren;

- E ⊂ { ($T_{i,j}$, $T_{k,l}$) | $1 \leq i, k \leq n$, $1 \leq j \leq m_i$, $1 \leq l \leq m_k$ }
  ist die Menge aller *Kanten*, welche die Menge aller Leitungen zwischen den Schaltungselementen repräsentieren.

Des weiteren soll gelten, daß jedes Terminal die Quelle oder das Ziel genau einer gerichteten Kante bildet.

Jeder Knoten stellt ein Schaltungselement dar, das elementarer, aber auch komplexer Natur sein kann. Die gerichteten Kanten werden als Referenzen von Eingängen auf die entsprechenden Ausgänge dargestellt. Da jedes Terminal entweder Quelle oder Ziel einer Kante ist, können die Terminals eines Knotens in zwei Klassen aufgeteilt werden. Alle Eingänge eines Knotens bilden die Klasse der *Eingangsterminals*, alle Ausgänge die Klasse der *Ausgangsterminals*.

Für die Darstellung einer Schaltungsbeschreibung in Form eines Graphen müssen noch zwei zusätzliche Arten von Knoten generiert werden:

- primäre Schaltungsein- und -ausgangsknoten

- Fanout Knoten

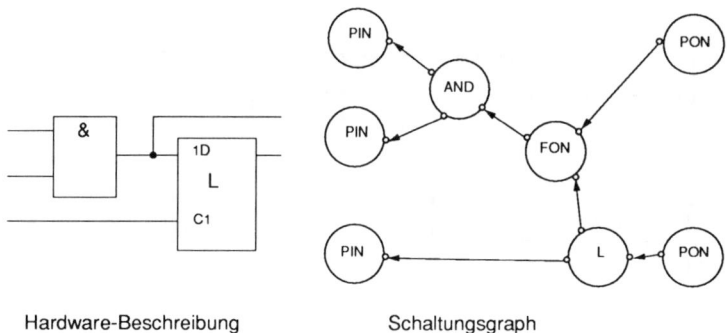

Hardware-Beschreibung   Schaltungsgraph

Abbildung 10.3: Beispiel eines Schaltungsgraphen

Primäre Schaltungsein- und -ausgänge müssen durch zusätzliche virtuelle primäre Schaltungsein- und -ausgangsknoten dargestellt werden. Diese primären Ein- und Ausgangsknoten werden bei der Kontraktion der Schaltung zu einem komplexen Knoten in Ein- und Ausgangsterminals dieses komplexen Knotens umgewandelt.

Die Einführung von Fanout-Knoten ist notwendig, um eventuelle Verzweigungen ohne zusätzliche Terminals darstellen zu können. Sie werden wie Bauelemente behandelt, die keine Pfadmanipulationen durchführen.

10.3 Umsetzung der RT-Beschreibung in einen attributierten Schaltungsgraphen

Grundsätzlich kann der Schaltungsentwerfer zur Beschreibung seiner Schaltung jede Sprache benutzen, die in der Lage ist, eine Schaltung auf RT- und Gatterebene zu beschreiben. In der hier vorliegenden Implementierung wird die Hardware-Beschreibungssprache CAP/DSDL (DACAPO) verwendet. Eine Beschreibung von CAP/DSDL findet man in [RAMM81] und [DACH81].

Nun war die Entwicklung eines Sprachumsetzers nötig, um die in CAP/DSDL formulierte Schaltungsbeschreibung in eine für den Rule Checker verständliche Beschreibungsart (d.h. in attributierte Schaltunsgraphen) in PROLOG-Notation zu transformieren. Dazu zeigte sich der Compiler-Generator GAG, der im Rahmen des E.I.S.-Projekts für eine ähnliche Aufgabe eingesetzt wurde [HÜTT86], als sehr geeignet.

GAG (Generator based on Attributed Grammars) generiert Compiler für Sprachen, die durch attributierte Grammatiken der Klasse LALR(1) definiert sind. Die benutzte Sprache zur Formulierung von attributierten Grammatiken ist ALADIN (A Language for Attributed DefINitions). Zur Generierung eines kompletten Compilers mußten dann noch Front End (Scanner) und Back End (Code-Erzeugung) von Hand erstellt werden. Die Funktion und die Arbeitsweise von GAG ist grob in Abb. 10.4 dargestellt. Eine detaillierte Beschreibung von GAG findet man in [KAST82] und [KAST85].

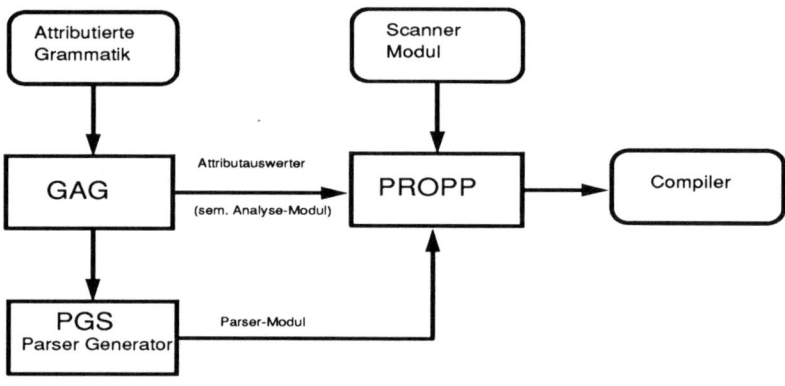

Abbildung 10.4: Arbeitsweise von GAG

Der CAP → PROLOG-Umsetzer arbeitet folgendermaßen: Zunächst wird untersucht, ob das vorgegebene und von dem CAP-Compiler des DACAPO-Systems (siehe [RAMM83]) als korrekt anerkannte CAP-Programm den Einschränkungen des CAP-Sprachumfangs zur Schaltungsbeschreibung auf RT-Ebene genügt. Konstrukte, die gegen diese Restriktionen verstoßen, werden mit Fehlermeldungen gekennzeichnet. Diese Aufgabe wird durch das Modul *Analyse* erfüllt.

Im fehlerfreien Fall wird anschließend das Modul *Transform* gestartet. Dieses Modul generiert aus den in dem CAP-Programm beschriebenen Schaltelementen und deren Verbindungen die vom Rule Checker erwarteten attributierten Schaltungsgraphen in PROLOG-Notation.

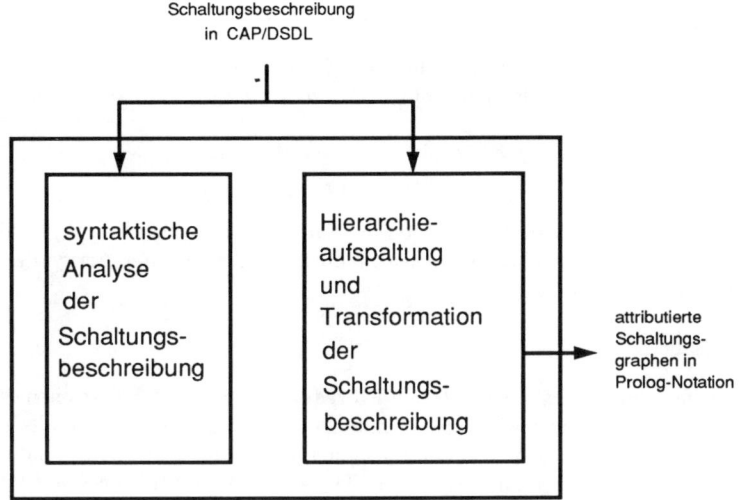

Abbildung 10.5: CAP → PROLOG-Umsetzer

10.3.1 Schaltungsanalyse

Eingabe:

   CAP-Programm

Ausgabe:

   Protokolldatei

Dieses Modul besteht aus einem von dem GAG-System generierten Compiler. Die für die Compiler-Generierung verwendete Grammatik wurde derart attributiert, daß der Compiler bei der semantischen Analyse seiner Eingabe (d.h. bei der Attributauswertung) die im folgenden Abschnitt beschriebenen Spracheinschränkungen überprüft. Beim Compilerlauf wird eine *Protokolldatei* angefertigt, in der die Verstöße gegen die Restriktionen festgehalten werden.

10.3.1.1 Einschränkungen des CAP-Sprachumfangs

Im folgenden werden für die einzelnen Abschnitte, aus denen ein CAP-Programm besteht, die dazugehörigen Restriktionen beschrieben. Diese Spracheinschränkungen ergeben sich im wesentlichen aus der Tatsache, daß Hardware auf RT- und Gatterebene beschrieben wird.

Konstanten-Definitionsteil

   Keine Einschränkungen.

Typen-Definitionsteil

Die Typen *place* und *interrupt* sind unzulässig. Ebenso darf kein Exportprozedur- oder Funktionen-Typ auftreten. Der gewöhnliche Prozedur-Typ ist nur ohne *mark* und *external* erlaubt.

Variablen-Deklarationsteil

Die Deklaration von *aux*-Variablen sowie von Variablen eines anderen Typs als im vorhergehenden Abschnitt beschrieben ist nicht erlaubt. Variablen eines Array-Typs müssen als *explicit* deklariert werden.

Routinen-Deklarationsteil

Die Deklaration von *export-* oder *external-*Prozeduren sowie von Funktionen ist unzulässig. Interrupt-Service-Routinen sowie explizit notierte CAP-Netze sind ebenfalls nicht erlaubt. Formale Parameter — von denen mindestens einer vorhanden sein muß — haben *implicit* zu sein. Der dazugehörige Typ darf kein Array-Typ sein. Bidirektionale *inout*-Parameter sind ebenfalls nicht zulässig.

assertions-Teil

Keine Einschränkungen.

impdef-Teil

Hier sind nur die folgenden drei Anweisungstypen erlaubt:

(a) *Zuweisung*

(b) **at** . . . **do** *Zuweisung*

(c) **when** . . . **do** *Zuweisung*

In allen drei Fällen darf noch eine Verzögerungsbeschreibung mit *delay* und/oder *after* folgen. Die linke Seite der *Zuweisung* im Fall (b) darf entweder nur *explicit*-Variablen oder nur Array-Komponenten enthalten.

Statement-Teil

Hier sind nur die beiden folgenden Möglichkeiten zulässig:

(a) **conbegin**
$P_1 (Ausdruck_1, ..., Ausdruck_{n_1})$;

$P_2 (Ausdruck_{n_1+1}, ..., Ausdruck_{n_2})$;

. . .

$P_k (Ausdruck_{n_{k-1}+1}, ..., Ausdruck_{n_k})$

end

Die P_i sind dabei vom Benutzer deklarierte Prozeduren.

(b) **seqbegin**

  . . .

  end

Hier kann an Stelle von '. . .' eine beliebige Anweisungsfolge stehen, um beispielsweise eine
"ewige" Lebensdauer der Prozedur zu gewährleisten.

Für die gesamte Schaltungsbeschreibung gilt:

— Die Verwendung der vordeklarierten Standardprozeduren *wait, exit, reset, sint, enable* und
disable ist unzulässig. Die übrigen Standardprozeduren sind mit folgenden Ausnahmen überall
erlaubt:

  — im *impdef*-Teil,
  — innerhalb eines durch *conbegin ... end* geklammerten Konstrukts im Statement-Teil.

— Indexausdrücke zur Bezeichnung von Array-Komponenten dürfen nur eine einzelne Array-
Komponente bezeichnen, d.h., die Angabe eines Bereichs beim Zugriff auf eine Array-Variable
(z.B. *mem[0:7] := ...*) ist nicht zulässig.

— Bitstrings dürfen keine Zeilenvorschübe enthalten.

— CAP-Schlüsselwörter sind klein zu schreiben. (Dies kann z.B. durch den UNIX-Filter *'tr A-Z
a-z'* einfach erreicht werden.)

10.3.2 Schaltungstransformation

Eingabe:

  1) Fehlerfreies CAP-Programm
  2) Präfix-Attribut-Tabelle

Ausgabe:

  1) Attributierte Schaltungsgraphen
  2) Verweisdateien
  3) Steuerdatei für den Rule Checker

Ist die *Analyse*-Phase erfolgreich abgeschlossen, so kann das CAP-Programm in der *Transform*-
Phase in die zugehörigen attributierten Schaltungsgraphen (einer je Prozedurdeklaration) transformiert werden. Für diese Aufgabe sind drei Module zuständig:

- Ein GAG-generierter Compiler, der die beschriebenen Schaltelemente und deren Verbindungen ermittelt und sie in einer *Elementdatei* ablegt (vgl. 11.2.2).

- Ein Postprozessor, der die Informationen in der Elementdatei in Schaltungsgraphen in PRO-LOG-Notation übersetzt und die *Verweisdateien* erzeugt (vgl. 11.2.3).

- Ein Postpostprozessor, der die *Steuerdatei* für den Rule Checker erzeugt (vgl. 11.2.4).

10.3.2.1 Konzept der Transformation

Bei der Transformation eines CAP-Programms wird zu jeder deklarierten Prozedur ein attributierter Schaltungsgraph generiert, dessen Darstellung die in Kapitel 11.1 beschriebene Datenstruktur zugrunde legt. Die strukturrelevanten Informationen jeder CAP-Prozedur sind in der Parameterliste, im *impdef*-Teil und im Statement-Teil, falls dieser mit *conbegin* beginnt, enthalten. Im folgenden wird für die CAP-Konstrukte, die an diesen Stellen auftreten können, die zugehörige Transformation beschrieben.

Grundsätzlich gilt dabei: Die Terminals der Knoten werden fortlaufend numeriert, beginnend bei 1. Dabei werden, wenn nicht anders explizit angegeben, erst die Input- und dann die Output-Terminals gezählt. Die Knoten innerhalb eines Schaltungsgraphen werden ebenfalls fortlaufend und bei 1 beginnend numeriert, wobei erst die Knoten vom Typ *primary_input*, dann die vom Typ *primary_output* und schließlich die restlichen Knoten gezählt werden.

Die Knotentypen *latch*, *flip_flop* und *memory* bezeichnen speichernde Elemente; alle anderen Knotentypen bezeichnen nicht-speichernde Elemente.

Formale *in*-Parameter

in-Parameter in der formalen Parameterliste werden in Knoten vom Typ *primary_input* mit einem Output-Terminal, das mit einem der Attribute *clock_input_signal*, *select_input_signal*, *test_input_signal* oder *data_input_signal* behaftet ist, transformiert. Die Zuordnung eines Attributs kann der Schaltungsentwerfer durch die Wahl eines entsprechenden Präfixes für den Bezeichner des formalen Parameters steuern (siehe 11.2.2).

Formale *out*-Parameter

out-Parameter in der formalen Parameterliste werden in Knoten vom Typ *primary_output* mit einem Input-Terminal, das mit dem Attribut *test_output_signal* behaftet sein kann, transformiert. Die Attributzuordnung ist auch hier von dem Schaltungsentwerfer steuerbar (vgl. 11.2.2).

Konstanten

In Ausdrücken auftretende Konstanten werden in Knoten vom Typ *constant* mit einem Output-Terminal transformiert.

Unäres Minus

Ein in Ausdrücken auftretendes unäres '−' wird in einen Knoten vom Typ *twos_complement* mit je einem Input- und Output-Terminal transformiert.

Teilstringbildung

Der monadische Operator '.(...)' wird auf der linken Seite einer Zuweisung ignoriert (siehe unten *Zuweisung*). Tritt der Operator auf der rechten Seite einer Zuweisung auf, wird er in einen Knoten vom Typ *substring1* oder *substring2* mit zwei bzw. drei Input-Terminals und einem Output-Terminal transformiert. Die Auswahl der Alternative richtet sich danach, ob für die Angabe des Teilbereichs ein Konstrukt der Art '.(*Ausdruck*)' oder eins der Art '.(*Ausdruck$_1$* : *Ausdruck$_2$*)' verwendet wurde. Die Terminals dieser Knoten sind in der folgenden Reihenfolge numeriert: Dateneingang, Eingang bzw. Eingänge zur Bezeichnung des Teilbereichs, Datenausgang.

Vergleichsoperatoren

Die Vergleichsoperatoren '=', '<>' etc. werden in Knoten vom Typ *comparator* mit zwei Input-Terminals und einem Output-Terminal transformiert.

Arithmetische Operatoren

Arithmetische Operatoren werden in Knoten mit zwei Input-Terminals und einem Output-Terminal transformiert. Der Knotentyp richtet sich nach der Art des Operators: *adder, subtractor, multiplier, divider* oder *modulo*. Dabei findet keine Unterscheidung zwischen vorzeichengerechter und nicht-vorzeichengerechter Addition bzw. Subtraktion statt.

Logisches 'not'

Der unäre Operator 'not' bzw. '/' wird in einen Knoten vom Typ *not* mit je einem Input- und Output-Terminal transformiert.

Binäre logische Operatoren

Die logischen Operatoren 'and', 'nand', 'or', 'nor', 'exor' und 'eqv' (bzw. deren Ersatzdarstellungen '&', '/&' etc.) werden in Knoten vom Typ *andn, nandn, orn, norn, exorn* und *eqvn* mit n Input-Terminals und einem Output-Terminal transformiert.

Reduktionsoperatoren

Die Reduktionsoperatoren '(and)', '(nand)', '(or)', '(nor)', '(exor)' und '(eqv)' (bzw. deren Ersatzdarstellungen '(&)', '(/&)' etc.) werden in Knoten vom Typ *red_and, red_nand, red_or, red_nor, red_exor* und *red_eqv* mit je einem Input- und Output-Terminal transformiert.

Konkatenation

Tritt der Konkatenationsoperator '||' auf der rechten Seite einer Zuweisung auf, wird er in einen Knoten vom Typ *fan_inn* mit n Input-Terminals und einem Output-Terminal transformiert. Zur Transformation des Konkatenationsoperators auf der linken Seite einer Zuweisung siehe unter *Zuweisung*.

Standardfunktionen

Aufrufe von vordeklarierten CAP-Standardfunktionen werden in Knoten vom Typ *std_functionn* mit n Input-Terminals (abhängig von der Anzahl der Parameter) und einem Output-Terminal transformiert.

if, case

if- und *case*-Konstrukte in Ausdrücken werden in Knoten vom Typ *mux*n mit n+1 Input-Terminals (wobei n die Anzahl der Alternativen bezeichnet; bei *if* immer n=2) und einem Output-Terminal transformiert. Die Terminals dieser Knoten sind in der folgenden Reihenfolge numeriert: Steuereingang, Dateneingänge, Datenausgang.

Zuweisungen

Eine Zuweisung, die nicht Bestandteil eines *when*- oder *at*-Konstrukts ist, wird in einen Knoten vom Typ *fan_out*n mit einem Input-Terminal und n Output-Terminals transformiert, wobei n von der Anzahl der verschiedenen Variablenbezeichner auf der linken Seite der Zuweisung abhängt. Dabei werden auf der linken Seite '||' und ',' gleichwertig behandelt und der Teilstringoperator '.(...)' ignoriert. Die bei dieser Transformation entstehenden überflüssigen *fan_out1*-Knoten werden später von dem Postprozessor entfernt.

when

Ein *when*-Konstrukt wird in einen Knoten vom Typ *latch* mit zwei Input-Terminals und einem Output-Terminal transformiert. Die Terminals dieses Knotens sind in der folgenden Reihenfolge numeriert: Takteingang, Dateneingang, Datenausgang.

at

Die Transformation eines *at*-Konstrukts ist davon abhängig, ob auf der linken Seite der zugehörigen Zuweisung *explicit*-Variablen oder Array-Komponenten stehen.

Bei *explicit*-Variablen wird für jede Variable ein Knoten des Typs *flip_flop*n mit 2n Input-Terminals und einem Output-Terminal generiert. Die Angabe n der Anzahl der (Takteingang, Dateneingang)-Paare ist nötig, da es in CAP möglich ist, durch mehrere *at*-Anweisungen Register mit mehr als einem (Takteingang, Dateneingang)-Paar zu beschreiben:

at up (clk) do reg := data_in;
at up (set) do reg := "1";
at up (reset) do reg := "0";

Bei Knoten vom Typ *flip_flop*n sind die Terminals in folgender Reihenfolge numeriert: Takteingang$_1$, Dateneingang$_1$, ..., Takteingang$_n$, Dateneingang$_n$, Datenausgang.

Stehen auf der linken Seite der Zuweisung eines *at*-Konstrukts Array-Komponenten, so wird für jedes Array ein Knoten vom Typ *memory*m_n mit m+2n Input-Terminals und einem Output-Terminal generiert. Dabei bezeichnet m die Anzahl der Adreßeingänge (= Dimension des Arrays) und n die Anzahl der (Takteingang, Dateneingang)-Paare wie oben. Bei Knoten vom Typ *memory*m_n sind die Terminals in folgender Reihenfolge numeriert: Adreßeingang$_1$, ..., Adreßeingang$_m$, Takteingang$_1$, Dateneingang$_1$, ..., Takteingang$_n$, Dateneingang$_n$, Datenausgang.

Prozeduren

Aufrufe von benutzerdeklarierten Prozeduren werden in komplexe Knoten vom Typ *p*n transformiert, wobei n die Postordernummer der Prozedur bezeichnet. Die Anzahl der Input- und Output-Terminals richtet sich nach der aktuellen Parameterliste und ist dem Rule Checker bekannt, da die Prozeduren in der Reihenfolge ihrer Postordernumerierung abgearbeitet werden.

10.4 DFT-Beschreibung

Will der Benutzer einen Satz von Entwurfsregeln in das System einbringen, muß er sich zuvor Gedanken darüber machen, welche strukturrelevanten Informationen durch den Transfermechanismus zu berechnen und an den Rändern einer Schaltung abzulegen sind. Genau diese, für seinen Regelsatz benötigten Strukturinformationen, bilden die DFT-Beschreibung sowohl eines elementaren Bauelementes als auch einer komplexen Teilschaltung.

In einer DFT-Beschreibung sind die Gemeinsamkeiten einer ganzen Klasse von in einer Schaltungsbeschreibung vorkommenden Bauelementen gleichen Typs zusammengefaßt. Ein solches Bauelement kann sowohl elementarer als auch komplexer Natur sein. Alle in einem Schaltungsgraphen enthaltenen primären Eingänge haben z.B. die Eigenschaft, aus keinem Eingangs- aber genau einem Ausgangsterminal zu bestehen. Informationen dieser Art, die zur Strukturbeschreibung der Bauelemente gehören, werden in einer DFT-Beschreibung, die den Typ gleichartiger im Schaltungsgraphen befindlichen Knoten beschreiben, zusammengefaßt. Eine DFT-Beschreibung definiert demzufolge einen Typknoten, der alle Eigenschaften einer Ausprägung beschreibt. Enthält eine Ausprägung, d.h. ein real in einem Schaltungsgraphen existierender Knoten, eine Referenz auf eine DFT-Beschreibung, so erbt dieser Knoten alle durch die DFT-Beschreibung definierten Eigenschaften.

Die DFT-Beschreibung eines Knotens besteht aus drei verschiedenartigen strukturrelevanten Informationen:

- allgemeine Strukturmerkmale,

- Input-Descriptor-Relations,

- Output Descriptor Signal Sets.

Mit Hilfe einer DFT-Beschreibung können alle strukturrelevanten Informationen an den Rändern einer Teilschaltung abgelegt werden, wodurch eine hierarchische Vorgehensweise ermöglicht wird.

10.4.1 Allgemeine Strukturmerkmale

Die allgemeinen Strukturmerkmale eines Typs von Knoten bestehen aus den Gemeinsamkeiten aller Ausprägungsknoten dieses Typs. Dazu gehört die Unterteilung der Ein- und Ausgänge einer Schaltung hinsichtlich ihrer Funktionen. So bilden die Takteingänge speichernder Schaltelemente eine Teilmenge aller Eingänge und können demzufolge in einem *Clock Input Set* (cis) zusammengefaßt werden. Entsprechendes gilt für Selekteingänge, die ein *Select Input Set* (sis), und alle Testeingänge, die ein *Test Input Set* (tis) bilden. Die dazugehörenden Testausgänge werden in einem *Test Output Set* (tos) abgelegt.

Allgemeine Strukturmerkmale umfassen z.B., daß alle dualen AND-Gatter kombinatorische Bauelemente sind und genau zwei Ein- und genau ein Ausgangsterminal besitzen. Darüber hinaus ist die Menge der Takteingänge immer leer. Ausgedrückt werden diese Eigenschaften durch Angabe eines Typknotens *and2*, wobei alle AND-Gatter unter dem Objektknoten *and* zusammengefaßt werden:

```
and(ako, value, ordinary_circuit_node).
and(dft_type, value, "NMN").
and(cis, value, [ ]).
and(sis, value, [ ]).

and2(ako, value, and).
```

and2(pis, value, [1, 2]).
and2(pos, value, [3]).

10.4.2 Input-Descriptor-Relationen

Die Input-Descriptor-Relationen (IDRs) eines Typknotens drücken Relationen zwischen den Eingängen der von dem Knoten beschriebenen Teilschaltung aus. Die IDR eines Schaltungseingangs besteht seinerseits aus mehreren Eingangsrelationen verschiedenen Typs, die über Typidentifikatoren selektiert werden können. Welche Semantik die einzelnen Typen beinhalten, wird allein durch Formulierung der zu ihrer Berechnung benötigten Modify-IDR Regeln ausgedrückt und existiert grundsätzlich zwischen zwei Arten von Schaltungseingängen. Dem Rule Checker sind die zu ihrer Identifikation benötigten Typidentifikatoren sowie die Typen von Eingängen, zwischen denen die einzelnen Relationen bestehen, mitzuteilen.

10.4.3 Output Descriptor Signal Set

Das Output Descriptor Signal Set (ODSS) besteht aus einer Menge symbolischer Signale, wobei jedem Ausgang des Typknotens ein ODSS zugewiesen wird. Ein Output Descriptor Signal (ODS) aus einem ODSS besteht aus genau einem symbolischen Signal, welches alle relevanten Pfadinformationen von einem Eingang der durch die DFT-Beschreibung wiedergegebenen Schaltung zu dem Ausgang, an dem es abgelegt ist, beinhaltet.

10.4.4 Symbolische Signale

Symbolische Signale sind die Träger von Strukturinformationen einer Schaltungsbeschreibung. Für unterschiedliche Regelsätze werden im allgemeinen auch verschiedene Strukturmerkmale benötigt, wodurch das Aussehen symbolischer Signale nicht fest, sondern variabel zu halten ist. Ihre Definition wird durch die Angabe sogenannter *Signalattribute* erreicht, wobei ein Attributwert eine Menge darstellt, die durch Existenz oder Nichtexistenz von Bezeichnern strukturrelevante Situationen beschreiben kann. Während der Schaltungsanalyse propagieren symbolische Signale durch die Schaltungsbeschreibung und ermöglichen somit die Beschreibung von sequentiellen Pfaden innerhalb der Schaltungsbeschreibung durch Auffüllen der Attributwerte. Ein symbolisches Signal beinhaltet somit Pfadinformationen eines innerhalb der Schaltung befindlichen Pfades.

10.5 Eingabe der prüftechnischen Entwurfsregeln

Die Eingabe eines Satzes von zu überprüfenden prüftechnischen Entwurfsregeln ist ein komplexer Prozeß, für den gute Kenntnisse über die Arbeitsweise des Rule Checkers vorausgesetzt werden müssen. Sie umfaßt nicht nur die Angabe der Entwurfsregeln in Form von DFT-Check-Regeln, sondern auch die Parametrisierung des im Rule Checker befindlichen Transferalgorithmus. Diese Parametrisierung wird im folgenden als das DFT-Kalkül eines Regelsatzes bezeichnet. Darüber hinaus hängt die Bereitstellung der DFT-Beschreibungen für elementare Bauelemente eng mit der Eingabe des DFT-Kalküls zusammen.

10.5.1 Eingabe des DFT-Kalküls

Durch die Eingabe des DFT-Kalküls wird dem Benutzer die Möglichkeit gegeben, seinen Satz von Entwurfsregeln in das System einzugeben und somit die Regelüberprüfung zu steuern. Das DFT-Kalkül besteht aus folgenden Parametern des Rule Checkers:

1) Definition initialer symbolischer Signale,

2) Angabe über die verwendeten Typen von Eingangsrelationen,

3) Eingabe von Steuerregeln,

4) Eingabe von DFT-Check-Regeln.

Eine Eingabe der vom Benutzer zu definierenden initialen Signale beschränkt sich auf diedie Eingabe einer Liste von Attribut_IDs. Ein während der Analyse erzeugtes Signal erhält somit immer die angegebenen Attribute. Auf diese Weise wird sichergestellt, daß, wenn bei der Auswertung einer Regel auf ein Signalattribut zugegriffen werden soll, dieses auch vorhanden ist.

Für eine vollständige DFT-Beschreibung einer Schaltung werden Input-Descriptor-Relations benötigt. Welche IDR-Typen für den aktuellen Regelsatz verwendet werden, muß der Benutzer durch Eingabe der Typidentifikatoren dem Rule Checker mitteilen. Des weiteren werden für etwaige Hilfestellungen bei der Regeleingabe die Typen von Eingangsknoten benötigt, an denen die IDR abgelegt bzw. in die IDR eingefügt werden (vgl. DFT-Beschreibung aus dem Kapitel 10.4).

10.5.2 Regeleingabe

Der Rule Checker wurde als regelbasiertes System ausgelegt. Die im DFT-Kalkül enthaltenen Regeln werden in zwei Klassen unterteilt:

1) DFT-Check-Regeln,

2) Steuerregeln.

Die für den Transfermachanismus benötigten Steuerregeln werden wiederum in drei je nach Aufgabenstellung verschiedenen Klassen unterteilt:

1) Transfer-Regeln,

2) Modify-IDR-Regeln,

3) Rekonvergenz-Regeln.

Alle in den einzelnen Klassen befindlichen Regeln haben eine einheitliche Form:

IF Bedingung THEN Ereignis

Sowohl der Bedingungsteil als auch der Ereignisteil einer Regel bestehen aus beliebig komplexen Ausdrücken, und es gilt für alle Regeln, daß der Bedingungsteil einer Regel über die Auswertung des Ereignisteils entscheidet. Soll z.B. mit Hilfe einer DFT-Check Regel eine Restriktion an speichernden Schaltelementen überprüft werden, so wird im Bedingungsteil der Regel bestimmt, daß die Restriktion auch nur an speichernden Schaltelementen zu überprüfen ist. Ein entsprechender Ausdruck im Bedingungsteil erhält folglich die Form:

$$IF\ MN \in dft\_type(\ V_i\ )\ THEN\ \cdots$$

Das Aussehen des Ereignisteils einer Regel hängt davon ab, aus welcher Klasse die Regel stammt. *DFT − Check Regeln* sollen Restriktionen überprüfen, d.h., der Ereignisteil einer DFT-Check Regel muß aus einem Booleschen Ausdruck bestehen, der genau dann *true* liefert, wenn die durch den Ausdruck kodierte Restriktion an einem Knoten eingehalten wird. Soll z.B. an speichernden Schaltungselementen die Restriktion gelten, daß zu jedem Takteingang genau ein Taktpfad führen soll, so hat ein entsprechender Ereignisteil die Form:

$$\cdots\ THEN\ for\_all\ T_j \in cis(\ V_i\ )\ TEST\ 1\ =\ |\ \{\ S\ |\ S \in ss(\ T_j\ ) \wedge S\ .\ id \in pcis\ \}\ |$$

Erläuterung:

> An allen Takteingängen des Knotens wird getestet, ob die Kardinalität der Menge aller bis zu den Takteingängen kommenden ($S \in ss(\ T_j\ )$) und von Takteingängen der Schaltung stammenden ($S\ .\ id \in pcis$) symbolischen Signale gleich eins ist.

Eine *Transfer Regel* hingegen hat die Aufgabe, ein an einem Eingangsterminal abgelegtes symbolisches Signal über einen Knoten zu einem Ausgangsterminal des Knotens zu transferieren. Dieses wird dadurch erreicht, daß am Ausgangsterminal ein neues Signal in Abhängigkeit des zu transferierenden Signals und der zum Knoten gehörenden DFT-Beschreibung erzeugt wird. Somit müssen im Ereignisteil einer Transfer-Regel Zuweisungen vorgenommen werden, die ein neues symbolisches Signal erzeugen.

Ähnliches gilt für die Klasse der *Modify − IDR Regeln*, die im Bedingungsteil einen Booleschen Ausdruck haben, der eine Situation beschreibt, und im Falle, daß diese Situation vorliegt, erweitern sie entsprechend die IDR der gerade analysierten Schaltung durch Zuweisungen.

Die Aufgabe von *Rekonvergenz Regeln* besteht darin, berechnete Signalmengen zu komprimieren. Enthält eine Signalmenge zwei Signale, deren Mengenzugehörigkeit die Fähigkeit zur Beschreibung eines rekonvergierenden Pfades widerspiegelt, so können diese zu einem Signal zusammengefaßt werden. Der entsprechende Ereignisteil besteht demnach aus einem Ausdruck mit Zuweisungen zur Manipulation von Signalmengen.

Für die Eingabe der zu den Regeln gehörenden Ausdrücke wurde ein komplexes Modul entwickelt, welches im wesentlichen aus zwei Komponenten besteht:

- Regeleingabemodul

- Infix-Präfix-Wandler

Der wesentlichste Teil des Regeleingabemoduls bildet ein wissensbasiertes System. Die Eingabe der prüftechnischen Entwurfsregeln wird in der Regel von einem Experten in Sachen Hardwareentwicklung vorgenommen. Damit der Experte bei der Eingabe der zu den Regeln gehörenden Ausdrücke auch das Gewünschte erzielt, wurde ein wissensbasiertes System entwickelt, welches einerseits Hilfestellung bei der Regeleingabe leistet und andererseits dafür sorgt, daß nur syntaktisch korrekte Ausdrücke eingegeben werden können.

10.5.3 Formulierung der Regelsätze

Bei der Anwendung des in diesem Rahmen vorgestellten Verfahrens zur prüftechnischen Analyse von Schaltungsentwürfen wird neben dem konkreten Schaltungsgraphen das unter Punkt 10.6.3.2 beschriebene DFT-Kalkül als Eingabe benötigt. Die Details des DFT-Kalküls bilden einen steuernden Eingabeparameter des für die eigentliche Analyse verantwortlichen Rule Checkers.

Der vorliegende Abschnitt behandelt nun die Problematik, verbal vorliegende DFT-Regeln in das geforderte DFT-Kalkül zu transformieren.

10.5.3.1 Anforderungen und Vorgehensweise

Natürlichsprachlich formulierte DFT-Regeln weisen häufig eine nur im umgebenden Kontext verständliche Semantik auf. Vielfach besteht die Schwierigkeit darin, daß für den Rule Checker wichtige Informationen nur implizit im Regeltext erscheinen. Gleiche Sachverhalte können durch verschiedene Betrachtungsweisen zu scheinbar unterschiedlichen DFT-Regeln führen. Die Umsetzung der DFT-Regeln ins DFT-Kalkül garantiert hingegen die notwendige Wohldefiniertheit.

Eine DFT-Regel ist genau dann *wohldefiniert*, wenn sie ausreichende Informationen zur Setzung der Parameter in Form des DFT-Kalküls gibt, die zur Analyse im Rule Checker notwendig sind.

Außerdem muß nachgewiesen werden, daß die von dem Benutzer eingegebene Regel auch *anwendbar* ist, d.h., ob sie innerhalb des Analyseraums des Rule Checkers liegt.

Die eigentliche Problematik besteht nun darin, daß die von dem DFT-Kalkül geforderte formale Syntax eine zu hohe Einarbeitungszeit erfordert. Die übliche Technik, den DFT-Experten als Benutzer zu zwingen, sich diesem Formalismus unterzuordnen, verspricht zwar eine einfache, aber gleichzeitig wenig befriedigende Lösung. Der fehlende Formalismus der natürlichsprachlichen DFT-Regeln bewirkt auch ein weitgehendes Scheitern aller Compilermethoden zur algorithmischen Transformation in das geforderte DFT-Kalkül. Stattdessen erscheint ein "intelligenter" Dialog angebracht, der durch gezielte Fragen an den DFT-Experten sukzessiv das gewünschte DFT-Kalkül aufbaut. "Intelligent" deshalb, weil durch geeignete Heuristiken und durch Bereitstellung nützlicher Tools dem DFT-Experten Erleichterungen bei der Formulierung der Regeln zur Verfügung gestellt werden. An dieser Stelle zwingt sich unweigerlich der Gedanke eines wissensbasierten Systems auf.

10.5.3.2 Arbeitsweise des Regelformulierers

Die in diesem Modul enthaltene Wissensbank beinhaltet gerade den Bereich menschlicher Expertise, der bei der Transformation in das DFT-Kalkül sinnvoll und notwendig erscheint. Zu diesem Wissen gehören neben der Kenntnis über die geforderte Kalkül-Syntax auch die Beachtung wichtiger Anforderungen und Einschränkungen, die durch den Rule Checker bedingt werden. Der DFT-Experte kann durch eine gezielte Benutzung der bereitgestellten Tools auf dieses Wissen zurückgreifen. Das vorliegende wissensbasierte Programmsystem arbeitet also als eine Art Regel-Compiler, wobei der Begriff Compiler nicht im üblichen Sinne (algorithmisches Übersetzungswerkzeug) benutzt wird, sondern einfach "Umsetzer" bedeutet.

In der vorliegenden Version des Regelformulierers können durch den geschilderten Dialog beliebige neue DFT-Kalkül-Regeln generiert werden. Durch die Komplexität der für den Dialog notwendigen Expertise bedingt, beschränkt sich jedoch der derzeitige Benutzerkreis des Systems auf den eigentlichen DFT-Experten. Auch eine gewisse Kenntnis über die Arbeitsweise des Rule Checkers muß hier vorrausgesetzt werden.

Regeln im DFT-Kalkül haben eine feste und einheitliche Form; sie zergliedern sich alle in einen IF-,

THEN- und TEST-Teil (vgl. 10.5). Die beiden zuerst genannten Regelteile werden durch einen Dialog erstellt, der sich nicht direkt an der insgesamt möglichen DFT-Kalkül-Grammatik (vgl. 11.4) orientiert. Dieses erscheint angebracht, da die Untermenge aller sinnvollen Kombinationen bezüglich der möglichen Grammatikauslegungen sehr klein ist. Stattdessen werden die notwendigen Informationen unmittelbar durch geeignete Fragestellungen gesammelt.

Der TEST-Teil verschließt sich hingegen zuerst einmal durch seine Komplexität diesem Lösungsansatz. Diese erhöhte Komplexität ergibt sich aus der Vielzahl der sinnvollen Kombinationsmöglichkeiten bezüglich der DFT-Kalkül-Konstrukte. Grundsätzlich werden alle in der Grammatik möglichen Kombinationen zur Erstellung des TEST-Teils zugelassen. In dieser Anwendung gestaltet sich der Dialog als ein reiner Syntaxeditor, erweitert durch die von der Systemshell zur Verfügung gestellten Hilfsmittel.

Auf einer zweiten Ebene wird dieser Entscheidungsbaum jedoch durch zahlreiche heuristische Einschränkungen gestutzt. Bestimmte Teile des TEST-Teils werden bei Angabe aller notwendigen Informationen automatisch generiert. Sachverhalte, die direkt auf das DFT-Kalkül abgebildet werden können, erfahren dadurch eine einfache Entwicklungsmöglichkeit. Als Beispiel sei hier die Bedingung genannt, daß zwischen dem primären Eingang A und dem Terminal B eines Schaltelements genau i Pfade existieren. Der entsprechende DFT-Kalkül-Ansatz sieht wie folgt aus:

$$i = \#\{\ S \mid S \in ss(B) \wedge S.id = A\ \}[1]$$

Der Versuch, solche Entsprechungen festzuhalten, kann die Arbeit des DFT-Experten nachhaltig vereinfachen. Einmal in der Wissensbank festgehaltenes Wissen ist jederzeit reproduzierbar. Wichtig ist dabei auch eine möglichst hohe Transparenz des zugrundegelegten Regelwerks, damit diese Entsprechungen bei Bedarf nicht nur von dem Programmentwickler, sondern auch von DFT-Experten verändert bzw. ergänzt werden können. Damit ist gewährleistet, daß spätere Änderungen durch das wissensbasierte System aufgefangen werden.

Die beiden hier vorgestellten Ebenen bezüglich des TEST-Teils stehen gleichwertig nebeneinander. Die rein syntaxorientierte Anwendung setzt jedoch die vollständige Kenntnis des DFT-Kalküls voraus. Solange die durch Heuristiken und gewissen Vorgaben gekennzeichnete zweite Ebene aber nicht alle sinnvollen Möglichkeiten zur Erstellung neuer Regeln abdeckt, kann auf die eher spartanisch wirkende grammatikgesteuerte Ebene nicht verzichtet werden.

Am Ende einer Konsultation steht aber in jedem Falle eine syntaktisch korrekte Regel im DFT-Kalkül. Zusätzlich kann bei ausschließlicher Verwendung der heuristischen Ebene gewährleistet werden, daß die so entstandene DFT-Regel nicht nur korrekt, sondern auch weitgehend sinnvoll erscheint. Fertig erstellte Regeln können auf Wunsch in eine Datenbibliothek aufgenommen werden. Über diese Bibliothek kann dann der Rule Checker auf die neu entstandenen Regeln zugreifen.

Bei den als Syntaxeditor wirkenden Dialogen spielt die Verwendung rekursiver Regeln eine große Rolle. Der Einsatz rekursiver Regeln läßt eine direkte Umsetzung der innerhalb des Rule Checkers definierten Grammatik zu.

Beispielsweise können die Grammatik-Regeln

> *bool -> setexpr compop setexpr*
> *bool -> const '(' elemarg ')'*

innerhalb des Regelformulierers direkt in die beiden folgenden Regeln umgesetzt werden:

---

[1]S steht für Signal und ss für Signal Set

es_gilt('TEST-Part', 'BOOL', deduced) :-
    wenn('TEST-Part', 'BOOL Form', known(1)),
    wenn('TEST-Part', setexpr, deduced),
    wenn('TEST-Part', compop, deduced),
    wenn('TEST-Part', setexpr, deduced).

es_gilt('TEST-Part', 'BOOL', deduced) :-
    wenn('TEST-Part', 'BOOL Form', known(2)),
    wenn('TEST-Part', const, deduced),
    dft_text('TEST-Part', text, ' ('),
    wenn('TEST-Part', elemarg, deduced),
    dft_text('TEST-Part', text, ')').

Neu bei diesen Regeln ist ein durch den Dialog gelenkter Auswahlmechanismus (jeweils erstes 'wenn'-Prädikat), der zwischen den verschiedenen Möglichkeiten zur Ableitung von 'BOOL' entscheidet. Das Prädikat 'dft_text' übergibt terminale Symbole zur Abspeicherung und anschließenden Zusammenstellung des eigentlichen DFT-Kalküls. Eine detaillierte Erläuterung über die Schreibweise der Regeln innerhalb des Regelformulierers wird unter Punkt 10.5.3.5 gegeben.

Die vorliegende Systemshell erlaubt also innerhalb des Regelwerks sowohl unmittelbare als auch mittelbare Rekursion; auch die Linksrekursion innerhalb der Grammatik kann ohne Modifikation übernommen werden. Erreicht wird dieses durch die Einführung von Attribut-Instanzen (vgl. 10.5.3.3).

Neben der besprochenen Verwendung rekursiver Regeln erweist es sich als günstig, Wertebereiche einzelner Attribute dynamisch definieren zu können. Dynamisch bedeutet, daß sich Wertebereiche, falls erforderlich, abhängig vom Verlauf des Dialogs ändern (vgl. auch 10.5.3.4).

Auf der anderen Seite ist es manchmal sinnvoll, die Steuerung des Dialogs abhängig zu machen von den zu diesem Zeitpunkt gültigen Wertebereichen. Z.B. sollte bei einer durch den zuvor erfolgten Dialog bedingten Einschränkung eines Wertebereichs auf nur noch einen gültigen Wert an der entsprechenden Stelle statt einer Benutzeranfrage eine entsprechende Wertübernahme möglich sein.

10.5.3.3 Inferenzkomponente

Der entscheidende Vorteil eines wissensbasierten Systems gegenüber klassischen Programmiermethoden ist die Fähigkeit, aus dem zur Verfügung stehenden Wissen Inferenzen (Schlüsse) zu ziehen. Die notwendigen Verfahren zu dieser wissensgesteuerten Problemlösung werden in der sogenannten Inferenzkomponente zusammengefaßt. Damit stellt diese Komponente neben der eigentlichen Wissensbasis den zentralen Kern eines solchen Systems dar.

Inferenzverfahren hängen eng mit der innerhalb des Systems gewählten Form der Wissensrepräsentation zusammen. Innerhalb einer Konsultation werden die abgeleiteten Daten in Frames abgelegt, wobei jedoch auf eine Hierarchisierung und den damit verbundenen Vererbungsmechanismen verzichtet wird. Objekte haben nur eine untergeordnete Bedeutung. Zur Zeit werden Objekte lediglich zur Unterscheidung der Attribute von IF-, THEN- und TEST-Teil verwendet; übergeordnet existiert als Startobjekt noch das Objekt 'DFT-Rule'. Am Ende der Konsultation werden über das Objekt 'BIBLIOTHEK' Informationen über eine eventuell gewünschte Abspeicherung der neuen DFT-Regel gesammelt.

Als zentrale Steuerung versucht die Inferenzkomponente, ein gegebenes Objekt-Attribut Paar abzuleiten und diesem somit ein konkretes Datum zuzuordnen. Ist dieses Datum schon in der Anfrage gegeben, so erfolgt eine Überprüfung auf dessen Korrektheit.

Im Gegensatz zu vielen anderen existierenden Shells liegt es in der Verantwortung des Regelprogrammierers, ob die Inferenzkomponente auf bereits zuvor abgeleitetes Wissen zurückgreifen soll oder aber durch Anwendung verschiedener Verfahren eine Neuableitung des betreffenden Attributs vornimmt. Der Vorteil liegt in der damit möglichen Aufstellung rekursiver Regeln innerhalb des Regelwerks. Jede mittelbare oder unmittelbare Rekursion führt in der Folge zur Ableitung immer neuer Werte für das gleiche Attribut. Eine Unterscheidung der abgeleiteten Werte wird durch die Abspeicherung in verschiedenen Attribut-Instanzen gewährleistet. Dabei befindet sich der zuletzt abgeleitete Wert immer in der höchsten Instanz des betreffenden Attributs. Soll eine Ableitung hingegen direkt durch einen Zugriff auf einen bereits bekannten Attributwert erfolgen, so wird dies explizit im Regelwerk angegeben.

Der Versuch einer Neuableitung eines Attributwertes durch eine Anfrage *wenn(OBJEKT, ATTRIBUT,WERT)* wird entweder durch den **Aufruf** einer entsprechenden Regel oder durch eine Benutzeranfrage gestartet (siehe Anhang B).

Sobald ein Regelkopf der Form *es_gilt(OBJEKT,ATTRIBUT,WERT)* erfolgreich mit den Instanziierungen des Aufrufs unifiziert werden kann, wird diese Regel gezündet. Falls alle Bedingungen des Regelrumpfs nachgewiesen werden können, so wird diese Regel erfolgreich abgeschlossen, d.h., die ursprüngliche Anfrage wird positiv beantwortet.

Nur wenn keine passende Regel gefunden wurde, oder falls eine oder mehrere Prämissen einer passenden Regel nicht nachweisbar waren, wird eine Benutzeranfrage gestartet. Antworten werden dabei auf ihre Gültigkeit überprüft und ggf. erneut zur Beantwortung gestellt. Über einen weiter unten beschriebenen Mechanismus kann eine Benutzeranfrage auch unterdrückt werden, sobald sich der Wertebereich des geforderten Objekt-Attribut Paares durch den vorhergehenden Dialog auf nur noch eine Möglichkeit eingeschränkt hat.

Neben der Neuableitung kann auch auf bereits abgeleitetes Wissen zurückgegriffen werden. Ein Aufruf der Form *wenn(OBJEKT,ATTRIBUT,notknown)* enthält anstatt einer Wert-Variable (als Aufforderung der Neuableitung) das Flag 'notknown'. Nur falls für das angegebene Objekt-Attribut Paar noch kein Wert abgeleitet wurde, ist dieser Aufruf erfolgreich. Es findet also lediglich ein Zugriff auf die Wissensbasis statt ohne Aufforderung einer Neuableitung.

Wird hingegen als Wertargument 'known(VAL)' übergeben, so wird, falls VAL nicht instanziiert ist, der zuletzt für das genannte Objekt-Attribut Paar abgeleitete Wert zurückgegeben (Wert der höchsten Instanz). Ist VAL bereits beim Aufruf besetzt, so wird nachgesehen, ob ein zuvor abgeleiteter Fakt des im Aufruf genannten Attributs mit diesem Wert unifiziert werden kann.

Als letzte Möglichkeit einer speziellen Inferenzmethode ohne Neuableitung kann auf Nichtexistenz eines Wertes bezüglich eines gegebenen Objekt-Attribut Paares getestet werden. Dafür muß als letztes Argument 'known(not(VAL))' angegeben werden. Falls VAL nicht instanziiert ist, so geschieht die gleiche Überprüfung wie bei Angabe von 'notknown'.

10.5.3.4 Dynamische Wertebereiche

Alle gegebenen Benutzerantworten werden auf ihre Gültigkeit überprüft. Die Definition der Wertebereiche ist mit dem jeweiligen Objekt-Attribut Paar gekoppelt . Für jede mögliche Anfrage muß mit Hilfe des Prädikats 'values' eine solche Definition erfolgen (siehe Anhang C).

Im folgenden wird kurz die Bedeutung der verschiedenen Argumente von 'values' erläutert:

1. Das erste Argument entscheidet darüber, ob die getroffenen Wertebereichsangaben positiv (p) oder negativ (n) aufzufassen sind. Manchmal ist es angebrachter, nur diejenigen Werte anzugeben, die nicht gültig sind. Nützlich ist dieses z.B. im Zusammenhang mit der Vermeidung eventueller Doppelbelegungen bei Identifiern, die während der Konsultation von dem Benutzer bestimmt werden. Wenn solche negativen Wertebereichsangaben getroffen werden,

darf für das entsprechende Objekt-Attribut Paar nur genau ein *'values'*-Prädikat vorhanden sein. Wird durch Angabe von p jedoch die positive Betrachtungsweise (Angabe aller gültigen Werte) gewählt, so ist auch die Aufteilung in mehrere Prädikate erlaubt.

2. Der hier anzugebene Objektname dient zur Auswahl des richtigen *'values'*-Prädikats.

3. Normalerweise wird hier die anonyme Variable gesetzt. Falls erforderlich, kann über dieses Argument aber auf die laufende Instanz des aktuellen Attributs zugegriffen werden.

4. Wie die beiden ersten Argumente muß auch dieses Argument beim Aufruf instanziiert sein. Angegeben wird hier der Name des Attributs.

5. An dieser Stelle wird die Normantwort zurückgegeben. Eine Normantwort steht für eine Reihe möglicher Antworten, die alle dasselbe bedeuten. Da nur diese Antwort bei Erfolg des *'values'*-Prädikats neu in die Wissensbasis eingetragen wird, führen unterschiedliche Benutzerantworten, die gleichwertig sind, zur derselben Wissensbankmodifikation. Falls die Normantwort eine der drei folgenden Formen hat, so finden neben der normalen Prüfung verschiedene Sonderbehandlungen statt:

   integer   : Benutzerantwort wird als Normantwort übernommen und zusätzlich dahingehend überprüft, ob ein gültiger Integerwert vorliegt.

   range   : Benutzerantwort wird ohne zusätzliche Prüfung als Normantwort akzeptiert.

   identifier : Antwort wird nur übernommen, falls ein zusammmenhängender String (bestehend aus Buchstaben, Ziffern oder dem underscore-Zeichen) eingegeben wurde. Das erste Zeichen im String darf keine Ziffer sein.

6. Das letzte Argument enthält in Form einer Liste alle Benutzerantworten, die der im vorhergehenden Argument enthaltenen Normantwort entsprechen. Bestehen die Listenelemente aus Tupeln, so ist nur jeweils die erste Stelle ausschlaggebend. Das zweite Tupelelement gibt in Form einer einstelligen Liste Erläuterungstexte für verschiedene Benutzertools.

Die Feststellung des gültigen Wertebereichs geschieht durch den Aufruf des *'values'*-Prädikats. Dadurch kann die Ableitung der einzelnen Argument-Werte auch durch den Zugriff auf bereits getroffene Entscheidungen geschehen. Denkbar in diesem Zusammenhang ist beispielsweise die Einschränkung eines Wertebereichs durch zuvor abgeleitetes Wissen.

Das folgende Beispiel dokumentiert einen Ja/Nein-Entscheid bezüglich des Attributs *'terminals again'*:

   values(p, 'THEN-Part', _, 'terminals again', yes, [yes, ja, y, j]).

   values(p, 'THEN-Part', _, 'terminals again', no, [no, nein, n]).

Die Verwendung ausgezeichneter Schlüsselwörter als gültige Werte wird durch die in einem dafür vorgesehenen Prädikat *'keywords'* verhindert.

An dieser Stelle sei noch auf das Prädikat *'val_card'* hingewiesen. Die Aufgabe dieses innerhalb der Wertebereichsdefinition und des Regelwerks nützlichen Tools ist die Deduktion aller im aktuellen Zeitpunkt möglichen Werte eines Objekt-Attribut Paares; d.h., es findet kein Zugriff auf bereits abgeleitete Fakten statt. Die Belegungen der fünf verschiedenen Argumente gestaltet sich wie folgt:

1. Objektname (muß beim Aufruf instanziiert sein);

2. Attributname (muß beim Aufruf instanziiert sein);

3. Angabe der Kardinalität des aktuell gültigen Wertebereichs:
Falls das Argument als uninstanziierte Variable beim Aufruf übergeben wird, erfolgt die Rückgabe in der Form 'e(CARD)', d.h., die Kardinalität ist gleich (equal) *Card*. Für eine Prüfung auf eine gegebene Kardinalität stehen weiterhin 'ne(CARD)' (not equal), 'ge(CARD)' (greater or equal), 'le(CARD)' (less or equal), 'g(CARD)' (greater) und 'l(CARD)' (less) zur Verfügung.

4. Hier werden in Form einer Liste alle gültigen Antworten aufgelistet. Für eine Prüfung auf Mitgliedschaft eines oder mehrerer Werte in dieser Liste kann an dieser Stelle das Argument 'member(X)' genannt werden. *X* darf ein einzelner Wert oder eine Werteliste sein.

5. Das letzte Argument ist nur im Hinblick auf die Verwendung von 'val_card' innerhalb einer Regel interessant. Falls an dieser Stelle beim Aufruf 'insert' steht, so wird genau dann, wenn nur ein möglicher Wert festgestellt wurde (d.h. e(1)), diese Antwort unter dem angegebenen Objekt-Attribut Paar in die Wissensbasis eingetragen. Dieser Mechanismus kann angewendet werden, um auf Wunsch bei der Existenz genau einer gültigen Antwort eine entsprechend überflüssige Benutzeranfrage zu unterdrücken. Falls die Auswertung von 'val_card' mehr als einen gültigen Wert ergibt, so wird bei Angabe von 'insert' ein beliebiger Wert (erste Möglichkeit der abgeleiteten Werteliste) als Benutzerantwort eingetragen. Jede andere Belegung des letzten Arguments bleibt ohne Wirkung, d.h., es erfolgt keine Manipulation der Wissensbasis.

Als Beispiel für die Verwendung von 'val_card' sei folgende Regel angeführt:

> es_gilt('TEST-Part', 'select primary input', deduced) :-
> val_card('TEST-Part', 'primary input', e(1), _, insert).

Falls 'primary input' nur genau einen gültigen Wert besitzt, so wird dieser ohne Benutzeranfrage als Antwort in die Wissensbasis eingetragen. Die gesamte Regel ist somit erfüllt.

10.5.3.5 Wissensbasis

Die eigentliche Ablaufsteuerung des Dialogs erfolgt über das Regelwerk (siehe Anhang D). Angestoßen wird der Dialog durch das globale Ableitungsziel

> leite_ab('DFT-Rule', all, deduced).

Durch den Anstoß der Inferenzkomponente wird versucht, das definierte Ableitungsziel nachzuweisen. Dabei wird zuerst die Regel

> es_gilt('DFT-Rule', all, deduced) :-
> wenn('IF-Part', all, deduced),
> wenn('THEN-Part', all, deduced),
> wenn('TEST-Part', all, deduced),
> dft_text('DFT-Rule', end, '; '),
> wenn('BIBLIOTHEK', all, deduced).

aufgerufen. Die Regel besagt, daß nur bei erfolgreicher Ableitung des IF-, THEN- und TEST-Teils die DFT-Regel insgesamt erstellt worden ist. Außerdem wird das Attribut 'all' von dem Objekt 'BIBLIOTHEK' überprüft.

Durch das *'wenn'*-Konstrukt wird das System aufgefordert, das entsprechende Objekt-Attribut Paar nachzuweisen. Dies geschieht normalerweise durch den Aufruf einer anderen Regel oder ansonsten durch eine Frage an den Benutzer. Die genauen Möglichkeiten wurden schon unter Punkt 10.5.3.3 beschrieben.

Innerhalb des Regelwerks erfolgt gleichzeitig die Zusammenstellung der späteren DFT-Kalkül-Regeln. Dies geschieht durch den Aufruf des *'dft_text'*-Prädikats, welches für die einzelnen Textblöcke jeweils Fakten mit dem Funktornamen *'text'* definiert. Das erste Argument unterscheidet zwischen den verschiedenen Objekten. Der eigentliche Text wird durch das letzte Argument übergeben, wobei die Reihenfolge der *'dft_text'*-Aufrufe über die Anordnung der zusammenzustellenden DFT-Regeln entscheidet. Der in dem angeführten Beispiel enthaltene Aufruf bewirkt so das Setzen eines Semikolons am Ende der neuen DFT-Regel. Das mittlere Argument gibt eine nähere Bestimmung des neuen Textsegments. Benötigt wird dieses für eine im weiteren Ablauf notwendige Kontextbestimmung.

Z.Zt. werden folgende Übergaben des mittleren Arguments von *'dft_text'* behandelt:

idt(X) : Hiermit wird ein neu definiertes Input-Terminal angezeigt. Dabei ist X der Typ des im letzten Argument von *'dft_text'* genannten Terminals.

idr(Y) : Y ist die Nummer der IDR-Beziehung, die zwischen den beiden als Tupel übergebenen Terminals (wieder letztes Argument von *'dft_text'*) besteht.

sig : Der als drittes Argument von *'dft_text'* genannte Bezeichner ist ein neues Signal.

Die hier vereinbarten Kennzeichnungen dienen einer eindeutigen Wertebereichsbestimmung. Beispielsweise erlaubt die folgende Wertebereichsdefinition nur Bezeichner, die nicht schon zuvor für Input-Terminals (*'idt()'*) oder Signale vergeben wurden:

values(n, 'TEST-Part', _, 'signalname of cwc', identifier, NAME_LIST) :-
    findall((NAME,[(TYPE,'Input-Terminal')]),
        text(_, idt(TYPE), NAME), NAME_TYPE_LIST),
    findall((NAME,[('Signal-Name')]),
        text(_, sig, NAME), NAME_SIG_LIST),
    append(NAME_TYPE_LIST, NAME_SIG_LIST, NAME_LIST).

Das Prädikat *'text'* enthält den gesammelten DFT-Regeltext (siehe Anhang A). Die beiden so mit dem Prolog-Systemprädikat *'findall'* gesammelten Namenslisten werden mit Kommentaren versehen und aneinandergehängt als ungültige Werte (1. Argument von *'values'* lautet n) in einer Liste zurückgegeben.

Alle anderen verwendeten Bestimmungen im zweiten Argument von *'dft_text'* sind z.Zt. optional, d.h. ohne Einfluß auf den weiteren Dialogablauf. An dieser Stelle sind jedoch leicht Erweiterungen möglich, insbesondere im Hinblick auf die eventuell gewünschten Auswertungen bzw. dynamischen Bestimmungen der beschriebenen Wertebereichsdefinitionen.

Manchmal ist es bei der Zusammenstellung der neuen DFT-Regel wünschenswert, neue mit *'dft_text'* definierte Textfragmente nicht sequentiell zu erstellen, d.h. an den schon vorhandenen Text anzuhängen. Vielmehr erscheint es sinnvoll, an jeder beliebigen Stelle des schon zusammengestellten DFT-Textes das neue Textfragment einschieben zu können. Das vierstellige Prädikat *'dft_text'* realisiert dies zum größten Teil. Zusätzlich zu den schon aus dem gleichlautenden dreistelligen Prädikat bekannten ersten drei Argumenten wird in einem vierten Argument angegeben, an welche Position der neue Text eingeschoben wird. Dieses Argument gestaltet sich selber wieder als dreistelliges Prädikat, wobei dessen Argumente die Position bezüglich des bereits vorhandenen Textes angeben. Diese Argumente müssen gleichlautend zu einem bereits früher abgelegten Textfragment sein. Der Prädikatname weist darauf hin, wie der neue Text (mit Bezug auf den alten Text) eingefügt werden soll. Folgende Möglichkeiten stehen zur Verfügung:

before_first : neues Textfragment wird vor dem ersten Auftreten des genannten alten
Textes eingetragen;

after_first : neues Textfragment wird nach dem ersten Auftreten des genannten alten
Textes eingetragen;

before_last : neues Textfragment wird vor dem letzten Auftreten des genannten alten
Textes eingetragen;

after_last : neues Textfragment wird nach dem letzten Auftreten des genannten alten
Textes eingetragen.

Neben dem '*wenn*'-Konstrukt und den Textbestimmungen durch '*dft_text*' kann über den Aufruf von '*val_card*' direkt auf die Wertebereichsbestimmungen zugegriffen werden. Eine genauere Beschreibung wurde bereits weiter oben gegeben.

Zur Veranschaulichung wird in Anhang A der Dialog zur Transformation der aus dem Kapitel 10.6.3.2.1 bekannten DFT-Regel Nr. 2 in die entsprechende DFT-Check-Regel demonstriert.

10.5.3.6 Wirkungsweise verschiedener Tools

Wesentliches Merkmal eines "intelligenten" Dialogs ist nicht zuletzt die Bereitstellung geeigneter Tools, um auf diese Weise die Arbeit des DFT-Experten zu erleichtern. Der Aufruf eines gewünschten Tools kann an jeder beliebigen Stelle des Dialogs erfolgen, an der vom Benutzer eine Eingabe erwartet wird. Unmittelbar nach der jeweiligen Ausführung wird dann die zuvor gestellte Frage nochmals wiederholt. Einige wenige Tools verändern jedoch, wie später noch näher erläutert, diese Ableitungsreihenfolge.

Im folgenden werden alle zur Verfügung gestellten Tools in alphabetischer Reihenfolge vorgestellt. Bei Änderung der Ableitungsreihenfolge, d.h., wenn das Tool nach seiner Ausführung nicht zur zuletzt gestellten Frage zurückkehrt, erfolgt ein entsprechender Hinweis.

Die Beschreibungen der Tools gliedern sich jeweils in fünf verschiedene Punkte: Nach Nennung des Tools unter NAME (N) gibt AUFRUF (A) die Möglichkeiten an, das betreffende Tool zu aktivieren. Unter FUNKTION (F) wird kurz die Wirkung genannt, während BESCHREIBUNG (B) weitergehende Hinweise gibt. Bei IMPLEMENTIERUNG (I) finden sich programmtechnische Bemerkungen, eventuell im Hinblick auf gewünschte Modifikationen.

Anschließend, nach allen detaillierten Beschreibungen, werden noch einige Tips gegeben, auf welche Weise zusätzliche Tools implementiert werden können.

Alphabetische Beschreibung aller Tools

N: **back**

A: back, bac, backstep, backtrack, backtracking, zurueck, last

F: zurück zur letzten Frage

B: Häufig entsteht während des Dialogs der Wunsch, die Beantwortung der zuvor gestellten Frage rückgängig zu machen. Die schon erteilte Antwort soll gelöscht werden, um dann anschließend die Frage erneut gestellt zu bekommen. 'back' stellt diesen Mechanismus zur Verfügung. Nach der Ausführung ist der Kontrollfluß um eine Frage zurückgesetzt. Soll eine weiter zurückliegende Antwort korrigiert werden, so muß entsprechend oft 'back' aktiviert werden. Der Aufruf direkt bei der ersten Frage hat keine Wirkung.

Achtung: Aus Implementationsgründen wächst die Ausführungszeit mit der Länge des Dialogs, d.h., der Aufruf bei einer relativ hohen Fragenummer kann eine spürbare Verzögerung bewirken.

I: Zu beachten ist, daß beim Aufruf von 'back' ein Backtracking durch alle bisher benutzten Regeln erfolgt, bevor dann automatisch alle Fakten bis zu der betroffenen Frage neu abgeleitet werden (passives "Backtracking"). Vor dem Einsetzen des Backtrackings werden alle Fakten und DFT-Texte sowie das Antwortenverzeichnis und der Ableitungsstack gelöscht. Nur die Fakten der schon beantworteten Fragen (außer der letzten) werden aufgehoben.

N: **break**

A: break, bre, Unterbrechung

F: Unterbrechung der Konsultation

B: Der Aufruf von 'break' unterbricht die laufende Konsultation. Durch Eingabe von *'end_of_file'* oder <Ctrl D> kann der Dialog an der alten Stelle wieder aufgenommen werden.

I: Bei Aktivierung erfolgt ein Aufruf des systemeigenen Prädikats *'break'*.

N: **dft**

A: dft, dft rule, dft Regel, DFT rule, DFT Regel

F: Anzeige der bisher erstellten DFT-Regel

B: Durch den weitgehend sequentiell erstellten Aufbau der DFT-Regel kann jederzeit mit diesem Tool nachgeprüft werden, wieweit die aktuelle Regel schon erstellt ist. Die Anzeige erfolgt im DFT-Kalkül.

I: Die DFT-Regel wird durch sequentielle Ausgabe der in der Datenbasis gespeicherten Fakten *'text'* erstellt. Wichtig ist dabei nur das dritte Argument. Der Aufbau der *'text'*-Fakten ist über das Prädikat *'dft_text'* regelgesteuert.

N: **facts**

A: facts, fact, fac, show facts, fakten, fak, Fakten, zeige fakten, zeige Fakten

F: Anzeige der bisher abgeleiteten Fakten

B: Dieses Tool zeigt nach Aufruf alle in der laufenden Konsultation bereits abgeleiteten Fakten an. Dabei stehen die zuletzt abgeleiteten Fakten ganz oben.

I: Fakten werden während der Konsultation abgeleitet und dann in der Datenbasis unter *'fact'* eingetragen. Dieses vierstellige Prädikat unterscheidet zwischen Objekt, Instanz, Attribut und Value (abgeleiteter Wert). Die Ausgabe geschieht sequentiell.

N: **help**

A: ?, help, hel, hilfe, hil, Hilfe

F: Anzeige des gültigen Wertebereichs

B: Nach Aufruf werden alle gültigen Werte angezeigt, die zur Beantwortung der aktuellen Frage möglich sind. Bei bestimmten Fragen kann stattdessen auch ausgegeben werden, welche Werte nicht gültig sind. In diesem Fall darf jede Antwort gegeben werden, die nicht explizit genannt ist.

I: Die Wertebereiche der einzelnen Fragen werden mit Hilfe des Prädikats *'values'* festgelegt. Unterschieden wird zwischen positiv und negativ wirkenden Wertebereichen, erkennbar am ersten Argument von *'values'*. Danach folgen die Argumente für Objekt, Instanz und Attribut. Das fünfte Argument übergibt die sogenannte Normantwort; die anschließende Liste enthält alle gültigen Antwortmöglichkeiten. Falls *'values'* einen negativen Wertebereich darstellt (d.h. Anzeige aller ungültigen Werte), so darf für eine Objekt-Instanz nur genau ein Prädikat *'values'* definiert sein.

N: **idr**

A: idr, idr menue

F: Untermenü für IDR-Handling

B: Nach Eingabe von *'idr'* wird ein Untermenü aktiviert, welches dem Benutzer erlaubt, IDR-Beziehungen neu zu definieren, zu editieren oder zu löschen. Beim Verlassen des Menüs werden automatisch alle Änderungen abgespeichert.

I: Zur Definition und zum Editieren der IDR-Beziehungen wird eine Bildschirmmaske in den durch das Prädikat *'active editor'* gewählten Editor geladen. Anschließend erfolgt eine Auswertung und Überprüfung der Eingaben bezüglich der möglichen Input-Terminal-Menge.

N: **known**

A: known, kno, bekannt, bek

F: Variable als Antwort eintragen

B: Durch die Eingabe von *'known'* wird für die aktuelle Frage als Antwort eine Variable eingetragen. Normalerweise wird danach der Ableitungsfluß zur nächsten Frage weitergehen. Bei einigen Fragen kann diese Beantwortung jedoch nicht beabsichtigte Nebenwirkungen haben, insbesondere dann, wenn in weiteren Regeln die konkrete Beantwortung der speziellen Frage vorausgesetzt wird. Daher ist dieses Tool nur mit Vorsicht anzuwenden!

I: Nach Aufruf wird die Antwort, d.h. die Variable, als Fakt in die Datenbasis eingetragen. Außerdem erfolgt eine Ergänzung der sogenannten Question-History.

N: **questions**

A: questions, que, fragen, fra, answers, ans, antworten, ant

F: Anzeige aller beantworteten Fragen

B: Im Gegensatz zu dem Tool *'facts'* werden nur die von dem Benutzer gegebenen Antworten in umgekehrter Reihenfolge aufgelistet. Eingetragen ist dabei für die jeweilige Frage die Normantwort.

I: Fragen werden nach ihrer Beantwortung separat in der Datenbasis unter dem Prädikat *'ask _number'* abgespeichert. Dabei wird neben der Fragenummer auch Objekt, Instanz, Attribut und die Normantwort festgehalten. Zur Anzeige werden diese Fakten dann sequentiell durchlaufen.

N: **shell**

A: sh, shell

F: aktiviert neue Shell bzw. ein Shell-Kommando

B: Der alleinige Aufruf von 'shell' bewirkt die Aktivierung einer neuen Shell. Durch Eingabe von 'exit' ist die Rückkehr zu der laufende Konsultation gewährleistet. Falls sich beim Aufruf hinter 'shell' Parameter befinden, so werden diese als ein UNIX-Kommando interpretiert und an die UNIX-Ebene zur Ausführung weitergeleitet. Nach der Ausführung wird die zuletzt gestellte Frage wiederholt.

I: Implementierung erfolgt mit den PROLOG-Prädikaten 'sh' bzw. 'system'. Fragen werden nach ihrer Beantwortung separat in der Datenbasis unter 'ask_number' abgespeichert.

N: **statistics**

A: statistics, sta, statistik, Statistik

F: statistische Anzeige der benutzten Tools

B: Dieses Tool zeigt an, wie oft und an welchen Fragen die bisher aufgerufenen Tools benutzt wurden.

I: Die Benutzung eines Tools wird in Flags mit Namen 'tool_used' festgehalten. Neben dem Toolnamen und dem Status kann den Flags auch entnommen werden, an welcher Frage das entsprechende Tool angefordert wurde.

N: **stop**

A: stop, Stop, abbruch, Abbruch, bye, halt

F: Abbruch der laufenden Konsultation

B: 'stop' bricht die laufenden Konsultation ab. Eine Rekonstruktion der beendeten Sitzung ist nicht möglich.

I: Abbruch erfolgt durch Aufruf des Prolog-Prädikats 'abort'.

N: **support**

A: support, sup, Support, rat, Rat

F: Erläuterungstext zur aktuellen Frage

B: Abhängig von der aktuellen Dialogposition erfolgt die Anzeige eines Erläuterungstextes.

I: Übergeben werden dabei Objekt, Instanz und Attribut. Die Textangabe erfolgt in der Regel durch das vordefinierte Prädikat 'printff'; an dieser Stelle ist aber auch jede andere Implementierung erlaubt.

N: **tools**

A: tool, tools, too, commands, command, com, kommando, kom

F: Anzeige aller verfügbaren Tools

B: 'tools' gibt einen Überblick über alle implementierten Tools.

I: Zur Anzeige werden die Prädikate *'tool_command'* ausgewertet. Dadurch ist zugesichert, daß neu definierte Tools automatisch mitangezeigt werden.

N: **trace**

A: trace, switch trace, tra, tracing

F: Tracemodus an- bzw. ausschalten

B: Bei eingeschaltetem Tracemodus wird während der Konsultation der Versuch einer Ableitung eines Objekt-Attribut Wertes angezeigt. Falls eine erfolgreiche Ableitung gelingt, so wird dies bei eingeschaltetem Tracemodus ebenfalls angezeigt. Der Aufruf von 'trace' wirkt als Wechselschalter zwischen den Zuständen ON und OFF.

I: In der Datenbasis wird der globale Flag *'tracer_mode'* gesetzt. Abhängig davon wird innerhalb der Inferenzkomponente zusätzlich der Ableitungsfluß angezeigt.

N: **unknown**

A: unknown, unk, unbekannt, unb, nicht bekannt

F: Antwort unbekannt, bewirkt Suche nach alternativem Beweisweg

B: Falls dem Benutzer keine Antwort auf die aktuelle Frage bekannt ist, sollte er zuerst versuchen, über Hilfstexte oder durch sonstige Informationen Klarheit zu erhalten. 'unknown' kann notfalls verwendet werden, um dem Regelformulierer mitzuteilen, daß der Nutzer keine Antwort geben kann. Das System versucht dann, einen alternativen Lösungsweg innerhalb des Regelwerks zu finden. Meistens läuft dieses aber darauf hinaus, daß einige vorher durch das Regelwerk abgeleitete Fakten nach einem gewissen Backtracking dem Benutzer zur Entscheidung vorgelegt werden. In diesem Punkt versagt dann das Verfahren. 'unknown' kann daher in der vorliegenden Form lediglich als Entwicklungswerkzeug sinnvoll eingesetzt werden.

I: Implementation ist ähnlich wie bei 'known'. Statt einer ungebundenen Variable wird jetzt aber das Atom 'unknown' eingetragen. Eine Änderung von 'unknown' sollte nur bei Kenntnis der Inferenzkomponente erfolgen.

N: **why**

A: why, Why, warum, war, Warum

F: Anzeige des Beweisweges

B: 'why' zeigt den bis zur aktuellen Frage verfolgten Beweisweg an.

I: Der gesamte Beweisweg wird festgehalten im Deduction-Stack. Eine geeignete Auswertung zeigt die logische Beweiskette bis zur aktuellen Fragestellung an.

N: **???**

A: ???, hs, helpscreen, hilfsbildschirm

F: allgemeine Hinweise zum Dialog

B: Beim Aufruf dieses Tools werden allgemeine Hinweise zur Benutzung gegeben. Gedacht ist dieser Hilfsbildschirm für völlig unkundige Benutzer. Ein Hinweis, wie dieses Tool aktiviert werden kann, wird daher im Eröffnungstext gegeben.

I: Beim Aufruf wird das vordefinierte Prädikat *'helpscreen'* aktiviert.

10.5.3.7 Benutzertexte

Ausführliche Benutzertexte sind wichtiger Bestandteil für einen möglichst selbsterklärenden Dialog. Im folgenden werden die Formate der verschiedenen Hilfstexte vorgestellt.

- **Frageankündigungstexte**
  Frageankündigungstexte werden vor den eigentlichen Fragetexten aufgerufen. Die einzelnen Argumente des Prädikats *'question_ann'* sind beim Aufruf alle instanziiert und haben folgende Bedeutungen: aktuelle Fragenummer, Objektname, aktuelle Instanz und Attribut. Durch Angabe von *1* als Instanznummer im Prädikatkopf kann erreicht werden, daß der Text nur beim ersten Mal (also bei Instanz *1*) ausgegeben wird. In dem Wunsch, diese näheren Erläuterungen nicht bei jeder gleichlautenden Fragestellung wiederholen zu müssen, liegt die Trennung der Frageankündigungstexte von den eigentlichen Fragetexten begründet.

- **Fragetexte**
  Fragetexte werden durch das Prädikat *'question'* angesprochen. Das Format der Argumente entspricht dem der Ankündigungstexte. Auch die Ausgabe der Fragetexte kann abhängig von der aktuellen Instanz gestaltet werden, falls gewünscht.

- **Texte für übersprungene Fragen**
  Diese Hilfstexte werden wirksam im Zusammenhang mit dem bereits beschriebenen Mechanismus des *'val_card'*-Prädikats. Falls die von dem Regelwerk aufgerufene Auswertung ergibt, daß die aktuelle Frage nur genau eine gültige Antwort besitzt, und falls dieser Wert auf Anforderung in die Wissensbasis eingetragen wurde, so wird der unter *'question_woq'* abgespeicherte Text ausgegeben. Die Argumente haben folgende Belegungen:

  1) Objektname

  2) Attributname

  3) Kardinalität (muß in der vorliegenden Version immer mit *e(1)* belegt werden)

  4) Objekt-Attribut Wert (einzig möglicher Wert)

- **Rattexte**
  Rattexte werden ebenfalls auf die aktuelle Frage bezogen. Beim Aufruf von *'support'* werden das Objekt, die aktuelle Instanz und der Attributname übergeben.

- **Errortexte**
  Bei diesen Texten wird noch unterschieden in *Errortexte 1* und *Errortexte 2*. Erstere behandeln die Sonderbehandlungen der Wertebereichsüberprüfung bezüglich verschiedener Normantworten. Interessanter für Erweiterungen ist jedoch die andere Klasse von Errortexten. Hier kann auf Wunsch in Abhängigkeit von dem Objekt, der aktuellen Instanz, dem Attributnamen und dem ungültigen Wert ein Text definiert werden. Wird eine Frage durch einen außerhalb des Wertebereichs liegenden Wert beantwortet, erscheint dieser Text auf dem Bildschirm. Auch hier kann über das zweite Argument von *'errormsg'* eine Unterscheidung nach den Instanzen vorgenommen werden.
  Weiterhin ist an dieser Stelle anzumerken, daß falsche Antworten von der Inferenzkomponente automatisch in Flags festgehalten werden. Das Format dieses Flags lautet:

$$flag(error, ((OBJECT, INSTANCE, ATTRIBUTE), BADVALUE))$$

Mit Hilfe dieser Einrichtung können so die Errortexte in Abhängigkeit von bereits zuvor gegebenen Falschantworten definiert werden.

□ **Weitere Hilfstexte**

In einer separaten Datei werden alle übrigen Benutzertexte abgespeichert. Z.Zt. ist jedoch an dieser Stelle nur ein durch das Tool '*???*' aufzurufender Hilfsbildschirm definiert.

Zum Schluß werden hier noch einige nützliche Prädikate vorgestellt. Sie erleichtern das Schreiben neuer Benutzertexte.

print: Im Gegensatz zum systeminternen Prädikat '*write*' kann '*print*' eine String-Liste übergeben werden. Vor Ausgabe eines Listenelements wird jedoch zuerst geprüft, ob dieses Element eventuell ein Steuerbefehl ist, der in diesem Falle ausgeführt wird. Steuerbefehle sind alle definierten Prolog-Prädikate, z.B. auch '*nl(N)*' für den Zeilenumbruch (s.u.).

printf: Dieses Prädikat gibt die übergebene String-Liste zeilenweise aus, d.h., jedes Listenelement wird in eine neue Zeile positioniert. Vor jedem String wird eine Anzahl von Freizeichen ausgegeben, entsprechend der Gestaltung aller anderen Bildschirmausgaben (linker Rand). Steuerbefehle wie in '*print*' werden nicht unterstützt.

printff: Verhält sich wie '*printf*', jedoch wird im ersten Argument der String, der vor jedem Listenelement am Anfang der Zeile ausgegeben wird, explizit genannt.

nl: Eine Verwendung ohne Angabe eines Parameters bewirkt einen Zeilenvorschub. '*nl(N)*' führt N Vorschübe aus.

blank: Es werden eine angegebe Anzahl von Freizeichen auf dem Bildschirm ausgegeben.

fn: '*fn(N,L)*' bewirkt eine Ausgabeformatierung für den positiven Integerwert N. Es werden L Plätze auf dem Bildschirm reserviert, wobei N rechtsbündig ausgegeben wird. Sinnvoll ist dieses Prädikat z.B. bei Fragetexten für die Ausgabe der laufenden Fragenummer.

Auf die weiteren nützlichen vordefinierten Prädikate wird in dieser Arbeit nicht eingegangen, da sie zum Verständnis der Problematik nicht mehr beitragen.

10.6   Schaltungsanalyse mit dem Rule Checker

Der eigentlich zur Überprüfung von strukturorientierten Entwurfsregeln konzipierte Rule Checker kann nach der Terminierung der vorgeschalteten Prozessoren, die die Eingabe des Rule Checkers erzeugen, gestartet werden. Der Rule Checker besteht im wesentlichen aus einem hochgradig parametrisierbaren Algorithmus, dessen Prinzip auf der symbolischen Ausführung, einem Transfer von symbolischen Signalen über die Schaltungsbeschreibung, beruht. Der Transfermechanismus wird dabei sowohl für die Berechnung der strukturellen Einbettung eines Bauelements innerhalb der umgebenden Schaltung benutzt, worauf eine anschließende Regelüberprüfung beruht, als auch für die Berechnung einer strukturbeschreibenden DFT-Beschreibung der gesamten Schaltung. Die grundlegende Idee dazu geht auf eine in [BHAV83] vorgestellte Methode zurück. Eine überarbeitete und ausführlich beschriebene Version ist aus [GLÄS87] zu entnehmen.

10.6.1 Spezifikation des Rule Checkers

Die Funktionsweise des Rule Checkers ist durch folgendes Ein- und Ausgabeverhalten charakterisiert.

Eingabe:

1) Strukturbaum von Schaltungsgraphen

2) DFT-Beschreibungen elementarer Schaltungselemente

3) Regelsatz von strukturorientierten Entwurfsregeln

Ausgabe:

Regelverletzung(en) bzw. DFT-Beschreibung des Schaltungsgraphen

Der Strukturbaum ist aus der vom CAP → PROLOG-Umsetzer bereitgestellten Steuerdatei zu entnehmen und enthält Verweise auf die Schaltungsgraphen. Jeder einzelne Schaltungsgraph ist in einer gesonderten Datei in Prolog-Notation gespeichert. Die Blätter des Strukturbaums bestehen aus elementaren nicht weiter zerlegbaren Bauelementen, für die zu dem Regelsatz gehörende DFT-Beschreibungen in einer dafür vorgesehenen Datenbank vorgegeben sind. Der Satz von zu überprüfenden Entwurfsregeln ist durch das vorgeschaltete Regelformulierer-Modul in Form eines DFT-Kalküls eingelesen und in entsprechende Dateien abgelegt worden.

Die Ausgabe des Rule Checkers besteht, falls die eingegebene Schaltungsbeschreibung alle Restriktionen der Entwurfsregeln einhält, aus einer für spätere Analysen verwendbare DFT-Beschreibung der Schaltungsbeschreibung. Im Falle, daß eine oder mehrere Regelverletzungen erkannt werden, meldet der Rule Checker die erkannten Verstöße und erzeugt ein zur Lokalisierung der Fehler zu verwendendes Analyseprotokoll.

Für jeden Schaltungsgraphen ist eine getrennte Analyse vorzunehmen. Die Grundlage einer Schaltungsgraphanalyse ist ein Postorder-Durchlauf durch den Schaltungsgraphen. Dazu muß der Schaltungsgraph zunächst in einen Transfergraphen (azyklischer Schaltungsgraph) transformiert werden.

10.6.2 Erzeugung eines Transfergraphen

Aus dem vorgegebenen Schaltungsgraphen wird ein azyklischer Transfergraph (DAG) durch Aufschneiden der Zyklen erzeugt, wobei die zum Schaltungsgraphen gehörige Attributierung entsprechend erweitert werden muß. Dazu sind zusätzliche Typknoten einzuführen, die wie primäre Schaltungsein- und -ausgangsknoten betrachtet werden können. Durch je eine aufgeschnittene Zykluskante wird ein zusätzliches Paar von virtuellen sogenannten *Loop Primary Input* bzw. *Loop Primary Output* Knoten (LPI/LPO Knotenpaar) erzeugt. Bei dieser Vorgehensweise kommt es nicht darauf an, welche zu einem Zyklus gehörende Kante aufgeschnitten wird. Es ist jedoch vorteilhaft, eine möglichst kleine Anzahl von Zyklen aufzutrennen, da jedes auf diese Weise entstandene Knotenpaar die Analyse durch eine Sonderbehandlung verzögert.

Ein solcher Transfergraph dient nun als Grundlage einer Schaltungsanalyse. Das Problem, eine minimale Anzahl von Kanten zu finden, um einen beliebigen Graphen in einen azyklischen Graphen zu transformieren (feedback arc set), ist NP-vollständig [GARE79]. Aus diesem Grund wurde eine Heuristik verwendet [SPEC88], die jedoch austauschbar ist.

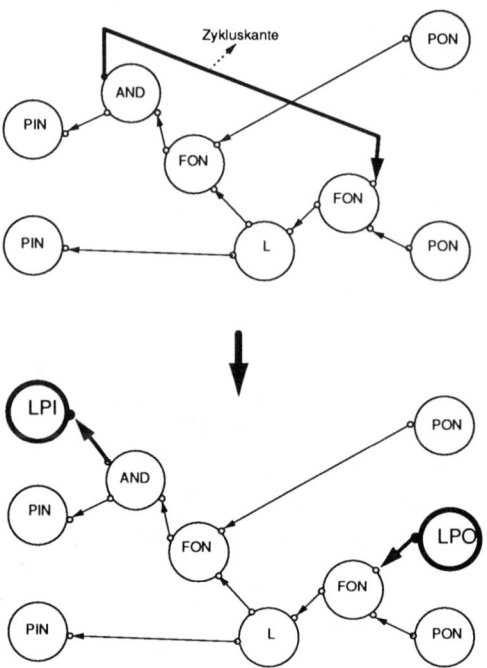

Abbildung 10.6: Aufschneiden von Zyklen durch Einfügen von LPI- und LPO-Knoten

10.6.3 Regelüberprüfung

Auf dem Transfergraphen erfolgt dann im zweiten Schritt die eigentliche Analyse, welche entscheidet, ob die durch den Transfergraphen repräsentierte Hardwarebeschreibung den durch den Benutzer definierten Restriktionen genügt. Eventuell vorhandene Regelverletzungen werden dem Benutzer mitgeteilt, und die Analyse terminiert. Enthält ein Transfergraph keine unzulässigen Strukturmerkmale, so erzeugt die Analyse eine gültige DFT-Beschreibung der untersuchten Schaltung. Diese DFT-Beschreibung wird in die dafür vorgesehene Datenbank abgelegt. Jedes weitere Auftreten der Teilschaltung erfüllt ebenfalls die Entwurfsregeln und braucht nicht erneut analysiert zu werden. Bei hochgradig regulären Schaltungen ist aus diesem Grund eine verkürzte Laufzeit zu erwarten.

Das vom Rule Checker benutzte DFT-Kalkül steuert die Ableitung DFT-relevanter Strukturinformationen und darauf basierend die Erkennung von Regelverletzungen. Damit drückt das DFT-Kalkül implizit den zugrundegelegten DFT-Regelsatz aus.

Einschränkung :

> Vorläufig ist vorgesehen, daß die Analyse abbricht, sobald an einem Knoten Regelverletzungen festgestellt werden. Bezogen auf diesen Knoten liefert der Rule Checker aber alle aktuell vorliegenden Verletzungen. Nach einem entsprechenden Redesign ist dann ein Neustart der Analyse notwendig.

Das Analyseverfahren besteht zum einen aus einem fest implementierten von den definierten Entwurfsregeln unabhängigen Algorithmus und zum anderen aus dessen Parametrisierung. Algorithmus und Parametrisierung bilden zusammen einen Transfermechanismus für symbolische Signale.

10.6.3.1 Regelunabhängiger Transferalgorithmus

Zur Überprüfung von Strukturverletzungen erhält der Transfermechanismus einen zusäztlichen Parameter, der die Restriktionen in Form von DFT-Check-Regeln enthält. Der regelunabhängige Teil des Transfermechanismus wird durch den folgenden Algorithmus beschrieben:

- Postorder-Durchlauf durch den Strukturbaum
  - Erzeugung eines Transfergraphen aus dem Schaltungsgraphen
  - Postorder-Durchlauf durch den Transfergraphen
    - falls aktueller Knoten ein primärer Eingangsknoten:
      - Erzeugung einer initialen Signalmenge
    - falls aktueller Knoten ein LPI-Knoten:
      - Erzeugung einer initialen Signalmenge
    - falls aktueller Knoten ein innerer Schaltelementknoten:
      - Auswertung aller Check-Regeln
        - falls mindestens eine der DFT-Check-Regeln verletzt wurde:
          - goto exit
      - Auswertung aller Modify-IDR-Regeln
      - für jeden Ausgang des aktuellen Knoten
        - für jedes ODS aus dem ODDS des aktuellen Ausgangs
          - für jedes IS[1] aus der Signalmenge des Eingangsterminals, auf das das aktuelle ODS zeigt:
            - Auswertung der Transfer-Regeln mit Hilfe des aktuellen ODS und IS, wodurch ein neues Transfersignal erzeugt wird
            - Abspeichern des berechneten Transfersignals am aktuellen Ausgangsterminal
          - Auswertung der Reconvergence Regeln auf den bis dahin am aktuellen Ausgang berechneten Signalmengen.
    - falls aktueller Knoten ein primärer Ausgangsknoten:
      - Auswertung aller DFT-Check-Regeln
        - falls mindestens eine der DFT-Check-Regeln verletzt wurde:
          - goto exit
      - Abspeichern der berechneten Eingangssignalmenge
    - falls aktueller Knoten ein LPO-Knoten:
      - Auswertung aller DFT-Check-Regeln
        - falls mindestens eine der DFT-Check-Regeln verletzt wurde:
          - goto exit
      - Ausführen einer Sonderbehandlung
- Modifikation der errechneten IDR aller primären Schaltungseingänge und deren Abspeicherung in der Datenbank
- Modifikation der errechneten ODDS aller primären Schaltungsausgänge und deren Abspeicherung in der Datenbank

exit:

falls Regelverletzung aufgetreten: gebe **rule violations** aus

sonst: melde **DFT-Beschreibung** generiert

---

[1]IS : Input Signal

Erläuterungen:

Der Postorder-Durchlauf durch den Strukturbaum der Schaltung bewirkt, daß für alle in einem zu analysierenden Schaltungsgraphen enthaltenen elementaren und komplexen Knoten aktuelle DFT-Beschreibungen in der Datenbank existieren. Diese Eigenschaft ermöglicht eine hierarchische Vorgehensweise.

Der Postorder-Durchlauf durch den Transfergraphen stellt sicher, daß ein innerer Knoten erst bearbeitet wird, wenn alle Vorgängerknoten bereits betrachtet wurden. Somit liegen vor der Bearbeitung eines inneren Knotens an allen seinen Eingängen berechnete Signalmengen an.

Die Sonderbehandlung, die beim Erreichen eines LPO-Knotens durchzuführen ist, besteht im wesentlichen aus einem einmaligen Transfer über den Knoten, der entsteht, wenn die bis dahin bereits berechnete Teilschaltung zu einem Knoten zusammengefaßt wird. Eine ausführliche Beschreibung dieses Prozesses kann aus [GLÄS87] entnommen werden.

10.6.3.2 Regelabhängige Parametrisierung

Der Kern des Rule Checkers besteht aus der Parametrisierung des Transfermechanismus. Da gerade diese Parametrisierung von dem Benutzer durch die Definition des DFT-Kalküls vorzunehmen ist, erhält ein Benutzer die Möglichkeit, die Schaltungsanalyse direkt zu beeinflussen und somit auf seinen Satz von strukturorientierten Entwurfsregeln auszulegen.

Die Eingabe des DFT-Kalküls soll im folgenden anhand eines Satzes, bestehend aus zwei prüftechnischen Entwurfsregeln, erläutert werden.

10.6.3.2.1 Beispiele für Entwurfsregeln

Grundlage eines DFT-Kalküls bildet ein Satz von zu überprüfenden Entwurfsregeln. Die folgenden auf Taktpfade bezogenen DFT-Regeln, die in der gegebenen Form große Verbreitung gefunden haben, gehören zu einem typischen Regelsatz.

Regel_1: Takteingänge speichernder Schaltelemente müssen von genau einem primären Takteingang kontrollierbar sein.

Regel_2: Takt- und Dateneingänge speichernder Schaltelemente dürfen nicht mit denselben primären Takteingängen beschaltet sein.

Die Notwendigkeit dieser von einer Hardwarebeschreibung einzuhaltenden Restriktionen ist offensichtlich.

10.6.3.2.2 Definition initialer Signale

Für die hier vorgestellten beispielhaften DFT-Regeln reicht neben dem Signal_ID ein weiteres taktbezogenes Attribut aus. Führt ein Pfad über ein speicherndes Schaltelement, so wird in die Indexmenge (kurz in) des symbolischen Signals, welches den Pfad beschreibt, der Bezeichner des primären Takteingangs eingetragen. Hierdurch wird kenntlich gemacht, daß der Pfad von dem primären Takteingang direkt beeinflußt wird.

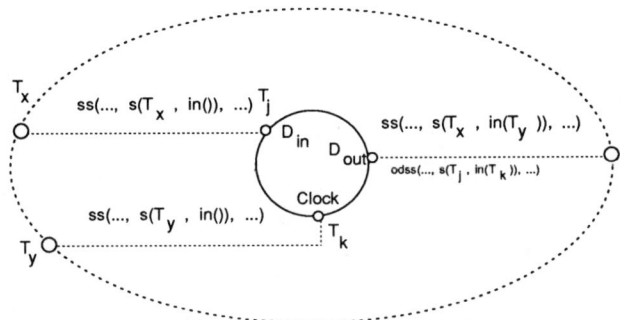

Abbildung 10.7: Eintrag in die Indexmenge eines Signals

Die Liste der Attribut_IDs besteht demnach aus einem Eintrag "in".

10.6.3.2.3 Angabe der verwendeten IDRs

Zur Erkennung einer Verletzung der Regel_2 kann offensichtlich eine IDR zwischen Takt- und Dateneingängen eines Knotens benutzt werden, die eine Abhängigkeit eines Dateneingangs von einem Takteingang beinhaltet.

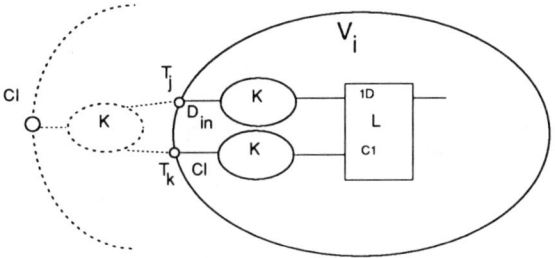

$T_j \in idr[\ T_k,\ 1\ ]$, d.h. Datenpfad T_j hängt vom Taktpfad T_k ab

Abbildung 10.8: Abhängigkeit eines Datenpfades von einem Taktpfad

Bei der Eingabe des DFT-Kalküls ist es erforderlich, die hierarchische Abarbeitung zu berücksichtigen. Um die Regel_1 auf einer hierarchischen Ebene zu überprüfen, ist keine IDR notwendig. Betrachtet man jedoch den Fall, daß die Regel über eine Hierarchiegrenze hinweg verletzt wird, so muß eine IDR definiert werden, die diese Situation abfängt.

Zur Überprüfung der DFT-Regeln sind folgende IDRs anzugeben:

IDR vom Typ 1 : Taktpfad - Datenpfad
IDR vom Typ 2 : Taktpfad - Datenpfad

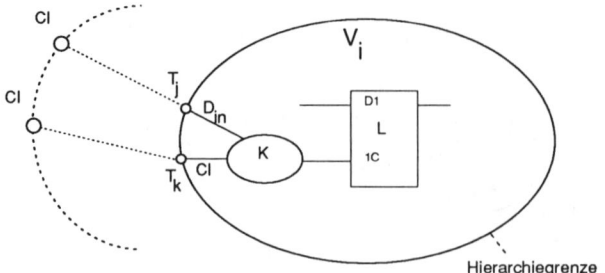

$$T_j \in idr[\, T_k,\, 2 \,],\ d.h.\ Datenpfad\ T_j\ konvergiert\ mit\ Taktpfad\ T_k$$

Abbildung 10.9: Konvergenz von Daten- und Taktpfaden

Die Semantik der IDRs bleibt dem Rule Checker verborgen. Nur der Benutzer allein kennt ihre Bedeutung.

10.6.3.2.4 Formulierung der DFT-Check-Regeln

Die DFT-Check-Regeln spiegeln die von dem Benutzer gewünschten Restriktionen wider, wobei eine eventuelle Verletzung über Hierarchiegrenzen hinweg zu berücksichtigen ist.

Für die DFT-Regel_1 werden zwei DFT-Check-Regeln benötigt:

```
IF 'MN' ~ dft_type
    THEN for_all T ~ cis
    TEST 1 = #{ S.id | S ~ ss(T) $ pcis and S.in = {} }
```

und für die Überprüfung über eine Hierarchiegrenze hinweg:

```
IF 'MN' ~ dft_type
    THEN for_all R ~ cis
         for_all T ~ idr[R,2]
    TEST not exists S ~ ss(T) $ pcis : S.in = {}
```

Die DFT-Regel_2 läßt sich in genau einer DFT-Check-Regel abbilden:

```
IF 'MN' ~ dft_type
    THEN for_all R ~ cis
         for_all T ~ idr[R,1]
    TEST not exists P ~ ss(T) $ pcis $ { S | S ~ ss(R) $ pcis
                               and S.in = {} } : P.in = {}
```

10.6.3.2.5 Formulierung der Transfer-Regeln

Die elementare Operation des Transfermechanismus ist die Fortschaltung symbolischer Signale über einen inneren Knoten des Transfergraphen. Dieser Mechanismus wird durch die Formulierung von Transfer-Regeln gesteuert und ist abhängig von den zu transferierenden Signalen und der DFT-Beschreibung des Knotens. Die Transfer-Regeln werden im Zusammenhang mit einem Eingangssignal *input_signal* und einem *descriptor_signal* aus einem ODSS eines Ausgangsterminals ausgewertet. Das Ergebnis ist ein *transfer_signal*, welches in der Signalmenge des aktuellen Ausgangsterminals abgelegt wird.

Für den Transfermechanismus sind u.a. folgende Transfer-Regeln zu formulieren:

> IF descriptor_signal.in = {}
>> and input_signal.in = {}
>>> THEN transfer_signal.id := input_signal.id,
>>> transfer_signal.in := input_signal.in

Diese Transfer-Regel behandelt den einfachsten auftretenden Fall. Da die Indexmenge des ODS leer ist, beschreibt das ODS einen kombinatorischen Pfad durch das Knoteninnere. Ein an einem Eingang des Knotens anliegendes Signal wird somit nicht innerhalb des Knotens von einem Takteingang beeinflußt, sondern unverändert über den Knoten transferiert.

> IF descriptor_signal.in <> {}
>> and input_signal.in = {}
>>> THEN transfer_signal.id := input_signal.id,
>>> transfer_signal.in := # J $\sim$ descriptor_signal.in
>>>> { S.id | S $\sim$ ss(J) $ pcis and S.in = { } }

Da die Indexmenge des ODS nicht leer ist, beschreibt das ODS dieser Regel einen innerhalb des Knotens getakteten Pfad. Jeder Pfad, der diesen Teilpfad beinhaltet, wird somit von dem Takt beeinflußt. Dieses Strukturmerkmal ist einem Signal, welches einen solchen Pfad beschreibt, mitzugeben.

In der Indexmenge des descriptor_signal befinden sich alle Takteingänge des Knotens, die den Pfad beeinflussen. Der Datenpfad, der durch das zu errechnende transfer_signal beschrieben werden soll, hängt also von allen primären Takteingängen ab, die die Takteingänge des Knotens kontrollieren.

Bei der Zusammenstellung der Transfer-Regeln ist zu beachten, daß die Transfer-Regeln sequentiell von oben nach unten abgearbeitet werden, bis ein Bedingungsteil erfüllt ist. Jeder für einen DFT-Regelsatz interessante Fall muß folglich in den Bedingungsteilen der Transfer-Regeln berücksichtigt und in der richtigen Reihenfolge angegeben werden. Die größte Sicherheit wird dann erreicht, wenn die Bedingungsteile jeden während der Analyse auftretenden Fall berücksichtigen und disjunkt sind.

10.6.3.2.6 Formulierung der Modify-IDR-Regeln

Die Modify-IDR-Regeln stellen einen wichtigen Bestandteil des DFT-Kalküls dar. Sie errechnen die zu einer vollständigen DFT-Beschreibung einer Schaltung gehörenden IDRs, deren Wichtigkeit inzwischen deutlich wurde.

```
IF 'MN' ~ dft_type
    THEN all J ~ cis do
        all S ~ { S | S ~ ss(J) $ pcis and S . in = { } } do
        all K ~ idr[J,1] do
            idr[S.id,1] := idr[S.id,1]
                + { T.id | T ~ ss(K) and ( not T.id ~ pcis ) and T.in = { } };

IF 'MN' ~ dft_type
    THEN all J ~ cis do
        all S ~ { S | S ~ ss(J) $ pcis and S . in = { } } do
        all K ~ idr[J,2] do
            idr[S.id,2] := idr[S.id,2]
                + { T.id | T ~ ss(K) + ss(J) and ( not T.id ~ pcis ) and T.in = { } }
```

Die Modify-IDR-Regeln berechnen die IDRs vom Typ 1 und 2. An jedem speichernden Schaltelement sind dazu Analysen der Signalmengen an Takt- und Dateneingängen des Knotens notwendig. Jedes Auftreten einer Interaktion zwischen entsprechenden primären Schaltungseingängen wird durch einen Eintrag festgehalten.

10.6.3.2.7 Formulierung der Rekonvergenz-Regeln

Durch Auswertung der Rekonvergenz-Regeln werden Signalmengen bei konvergierenden Pfaden vereinigt. Jede Signalmenge beschreibt grundsätzlich einen Pfad. Konvergieren Pfade innerhalb eines Knotens, so müssen sie zu einer Signalmenge zusammengefaßt werden.

```
SS & S := IF SS $ {S} = {}
          THEN SS + {S}
SS & S := IF exists T ~ SS $ {S.id} : T.in = S.in
          THEN SS
```

Die erste Regel trifft zu, falls das neue Signal S einen Pfad von einem primären Schaltungseingang beschreibt, der in der Signalmenge SS noch nicht enthalten ist. In diesem Fall wird das neue Signal zu der bisherigen Signalmenge hinzugefügt. Falls in der Signalmenge SS jedoch bereits ein Signal existiert, welches alle Pfadinformationen enthält, die das neue Signal S gespeichert hat, wird das Signal S laut der zweiten Regel nicht zu der Signalmenge hinzugenommen.

Die Rekonvergenz-Regeln haben noch einen wichtigen Effekt, der bei der zweiten Regel deutlich wird. Sie bewirken, daß die Signalmengen, die durch einen Transfergraphen geschleust werden, nicht zu groß werden und dadurch die Laufzeit des Analyseverfahrens verschlechtern.

Kapitel 11

Implementierung des Systems

11.1 Verwendete Datenstruktur

Die vom CAP → PROLOG-Umsetzer erzeugten Schaltungsgraphen können prinzipiell in einer beliebigen Datenstruktur abgelegt werden. Da für jedes real in einem Schaltungsgraphen existierende Schaltelement eine Typbeschreibung in Form einer DFT-Beschreibung (vgl. 10.4) für die Analyse benötigt wird, ist es vorteilhaft, eine Datenstruktur zu wählen, in deren abstrakten Datentypen (ADT) ein Vererbungsmechanismus ausgenutzt werden kann. Eine solche Datenstruktur stellen die sogenannten Frames mit den geeigneten Frame-Routinen dar.

Aus dem homogenen Darstellungsformat und dem darauf arbeitenden Zugriffsmechanismus ergeben sich eine Reihe von Vorteilen:

- Mit den Frame-Zugriffsroutinen wird eine weitgehende Entkopplung von Analysealgorithmus und Datenstrukturen erreicht. Hieraus resultiert die Möglichkeit flexibler Anpassung von Objektstrukturen an neue Gegebenheiten (z.B. veränderte Benutzerregeln).

- Natürlich gegebene Hierarchien finden in der Frame-Struktur ihre direkte Umsetzung. Dies gewährleistet Übersichtlichkeit und Transparenz.

- Komprimierte Speicherung von Objektbeschreibungen durch Klassenbildung und Vererbungsmechanismen.

Damit trägt das gewählte Frame-Konzept in idealer Weise zur Parametrisierung des zu entwickelnden Moduls bei. Darüber hinaus unterstützt dieses Konzept in hohem Maße eine modulare Entwicklungsstrategie und vereinfacht die im Rahmen einer kontinuierlichen Weiterentwicklung des Prototyps ständig vorzunehmenden Änderungen.

11.1.1 Frames zur Darstellung eines Schaltungsgraphen

Für die Darstellung einer Schaltungsbeschreibung in Form eines Schaltungsgraphen wird noch die Attributierung benötigt. Sie bildet einen wesentlichen Bestandteil der DFT-Beschreibung einer Schaltungsbeschreibung.

Die Attributierung eines Schaltungsgraphen drückt Strukturmerkmale aus, welche u.a. zur Identifizierung von Typ und Funktion der Eingangs- bzw. Ausgangsterminals dienen. Dazu trägt der Benutzer (Präfix, Attribut)-Tupel in die Präfix-Attribut-Tabelle ein. Z.B. wird durch die Angabe (c, clock) ein Eingang mit dem Bezeichner c_input als Takteingang der Schaltung ausgezeichnet. Eine ausführliche Erläuterung über die Aufgabe und Handhabung der Präfix-Attribut-Tabelle kann aus Kapitel 11.2.2 entnommen werden.

Ein Knoten des Schaltungsgraphen wird durch genau einen Frame dargestellt, wobei der durch die verschiedenen Typknoten definierte Objektbaum nur einen Teilbaum mit Wurzel <node> aus der dem Rule Checker zugrundeliegenden Datenstruktur darstellt. Der für die Schaltungsbeschreibung benötigte Objektbaum <node> kann wie folgt beschrieben werden:

```
<super>
     <node>
          <Circuit Interface Node>
               <Primary Input Type Node>
                    <Primary Input Node Instance>
                         •
                         •
               <Primary Output Type Node>
                    <Primary Output Node Instance>
                         •
                         •
          <Ordinary Circuit Node>
               <Circuit Element Type Node>
                    <Circuit Element Node Instance>
                         •
                         •
```

Der Knoten <super> hat nur die Aufgabe, alle durch Frames dargestellten und u.U. völlig unterschiedlichen Objekte zu einem Objektbaum zusammenzufassen, dessen Wurzel er bildet. Darüber hinaus hat der Frame <super> keine Bedeutung.

Die in einer Schaltungsbeschreibung existierenden Knoten (Circuit Element Nodes) sind von einem bestimmten Typ Dft_type und erhalten zur eindeutigen Identifikation einen Bezeichner $Node\_ID$. Sie werden durch die Angabe ihrer Terminals definiert, die ihrerseits einen eindeutigen Bezeichner $Term\_ID$ erhalten. Die zu einem Eingangsterminal gehörende Terminalreferenz auf einen Ausgangsterminal eines anderen Knotens wird durch eine $Term\_ref$ hergestellt.

```
Dft_type   : string
Node_ID    : integer
Term_ID    : integer
Term_ref   : t( Node_ID, Term_ID )
```

Die Menge aller zu einem Knoten gehörenden Terminals wird in zwei disjunkte Mengen aufgeteilt. Alle Eingangsterminals befinden sich in einem *Primary Input Set* (kurz 'pis'), alle Ausgangsterminals in einem *Primary Output Set* (kurz 'pos').

Die Beschreibung der allgemeinen Strukturmerkmale eines Knotens werden wie folgt in Frames abgelegt:

```
node_x(ako, value, Circuit_Element_Node).
node_x(dft_type, value, <string>).
node_x(node_ID, value, <integer>).
node_x(pis, value, <integer_list>).
node_x(pos, value, <integer_list>).
```

und für alle Eingangsterminals:

$$node\_x(Term\_ID_1, value, Term\_ref_1).$$
$$\bullet$$
$$\bullet$$
$$\bullet$$
$$node\_x(Term\_ID_n, value, Term\_ref_n).$$

Von dem CAP → PROLOG-Umsetzer wird ein entsprechender Frame für die Darstellung einer Schaltung erzeugt, der während der Schaltungsanalyse aufgefüllt wird und dann die DFT-Beschreibung der Schaltung darstellt.

11.2   Implementierung des CAP → PROLOG-Umsetzers

11.2.1   Der Analyse-Compiler

Der Analyse-Compiler hat, wie bereits erwähnt, die Aufgabe, die Einhaltung der in Kapitel 10.3.1.1 beschriebenen Restriktionen zu überprüfen. Die wesentliche Arbeit bei der Konstruktion dieses Compilers war eine entsprechende Attributierung der CAP-Grammatik, die im folgenden Abschnitt anhand zweier Beispiele erläutert wird. Eine gewisse Kenntnis der Programmiersprache ALADIN wird dabei vorausgesetzt (siehe [KAST82]).

11.2.1.1   Attributierung der Grammatik

Bei der Betrachtung der Einschränkungen des CAP-Sprachumfangs stellt man zwei Klassen von Restriktionen fest: kontextunabhängige und kontextabhängige Einschränkungen. Zur Klasse der kontextunabhängigen Einschränkungen gehört z.B. die Restriktion, daß die vordeklarierte Standardprozedur *reset* unzulässig ist. Diese Einschränkung läßt sich in ALADIN auf triviale Weise formulieren:

```
RULE cap195 : procedure_statement ::= 'reset' '(' identifier_list ')'
STATIC
    CONDITION FALSE
    MESSAGE "'reset' is not allowed"
END;
```

Wegen *CONDITION FALSE* führt jede Anwendung dieser Ableitungsregel in dem zum vorgegebenen CAP-Programm gehörigen Ableitungsbaum zu der Ausgabe der Fehlermeldung *'reset' is not allowed*.

Auf analoge Weise werden alle weiteren kontextunabhängigen Einschränkungen behandelt.

Zur Erläuterung des Verfahrens bei kontextabhängigen Einschränkungen wird die Vorgehensweise für die Restriktion, daß ein mit *conbegin* begonnener Statement-Teil einer CAP-Prozedur nur Aufrufe von benutzerdeklarierten Prozeduren enthalten darf, beschrieben. Die hier relevante Ableitungsregel für Prozeduraufrufe ist die Regel *cap186*:

```
RULE cap186 : procedure_statement ::= identifier parameter_help
STATIC
    CONDITION
        IF procedure_statement.part = sc_con_statement_part
        THEN
            KEY_IN_LIST (identifier.id,
                INCLUDING proc_or_func_declaration.defs)
        ELSE
            TRUE
        FI
    MESSAGE "User declared procedure expected"
END;
```

Um die Herkunft des Nonterminals *procedure_statement* (d.h. dessen Kontext im CAP-Programm) zu ermitteln, wird das *INH*-Attribut *part* vom Typ *t_part* eingeführt. Über dieses Attribut wird die Information über den Programmkontext im Ableitungsbaum von oben nach unten transportiert. In ALADIN sieht das folgendermaßen aus:

```
TYPE t_part :
        (sc_assertion_part, sc_impdef_part, sc_statement_part,
        sc_seq_statement_part, sc_con_statement_part, sc_other_part);
    •
    •
NONTERM statement_part : ;
NONTERM compound_statement :
        part : t_part INH,
        ...
NONTERM statement_list :
        part : t_part INH;
NONTERM statement :
        part : t_part INH;
    •
    •
RULE cap117 : statement_part ::= compound_statement
STATIC
    ...
    compound_statement.part := sc_statement_part;
END;
    •
    •
RULE cap119 : compound_statement ::= 'seqbegin' statement_list 'end'
STATIC
    statement_list.part :=
        IF compound_statement.part = sc_statement_part
        THEN
            sc_seq_statement_part
        ELSE
```

```
            compound_statement.part
        FI;
        ...
END;


RULE cap120 : compound_statement ::= 'begin' statement_list 'end'
STATIC
    TRANSFER part;
    ...
END;


RULE cap121 : compound_statement ::= 'conbegin' statement_list 'end'
STATIC
    statement_list.part :=
        IF compound_statement.part = sc_statement_part
        THEN
            sc_con_statement_part
        ELSE
            compound_statement.part
        FI;
    ...
END;

RULE cap122 : compound_statement ::= 'parbegin' assignment_list 'end'
STATIC
    TRANSFER part;
    ...
END;


RULE cap123 : statement_list ::= statement
STATIC
    TRANSFER part;
END;

RULE cap124 : statement_list ::= statement_list ';' statement
STATIC
    TRANSFER part;
END;

RULE cap125 : statement ::= compound_statement
STATIC
    TRANSFER part;
    ...
END;
        •
        •


RULE cap135 : statement ::= procedure_statement
STATIC
    TRANSFER part;
    ...
END;
```

Die *IF*-Konstrukte in den Regeln *cap119* und *cap121* sind nötig, da *compound_statement* nicht nur in der Regel *cap117* abgeleitet werden kann, sondern via *statement* (Regel *cap125*) auch an etlichen anderen Stellen.

Wenn nun der Kontext von *procedure_statement* in Regel *cap186* ein mit *conbegin* beginnender Statement-Teil ist (d.h. *procedure_statement.part* = *sc_con_statement_part*), muß geprüft werden, ob *identifier* ein benutzerdeklariertes Objekt bezeichnet. (Es ist klar, daß es sich um einen Prozedurbezeichner handeln muß; sonst hätte bereits der CAP-Compiler des DACAPO-Systems an dieser Stelle eine Fehlermeldung ausgegeben.) Zu diesem Zweck wird durch *KEY_IN_LIST (...)* festgestellt, ob das durch *identifier.id* identifizierte Objekt in der Liste *proc_or_func_declaration.defs*, die alle in diesem Block gültigen Definitionen und Deklarationen enthält, eingetragen ist. Wenn dies nicht der Fall ist, wurde von dem Benutzer die CAP-Restriktion nicht beachtet, und es wird die Fehlermeldung *User declared procedure expected* abgesetzt.

Die obigen Ausführungen sollen hier dazu dienen, dem Leser ein Gefühl für die Methode der Attributierung zu vermitteln.

11.2.1.2 Erstellung des Scanner-Moduls

Zur Erstellung des Scanner-Moduls für den Analyse-Compiler wird von dem GAG-System ein PASCAL-Fragment angeboten, das einen endlichen Automaten zur Symbolerkennung implementiert. Dieses rudimentäre PASCAL-Programm enthält im wesentlichen ein *CASE*-Konstrukt, in dessen Zweigen die Terminalsymbole und Literale der Sprache erkannt werden. Diese *CASE*-Anweisung ist nun so zu modifizieren, daß die Terminalsymbole von CAP (*identifier, decimal_number, bitstring* und *string*) und die CAP-Literale akzeptiert werden. Weiter werden hier die Attribute der Terminalsymbole (in diesem Fall nur *identifier.id*) berechnet. Das derart modifizierte Scanner-Modul wird bei der Generierung des Compilers durch das PROPP-Modul des GAG-Systems in den PASCAL-Text des Compilers eingebunden.

11.2.2 Der Transform-Compiler

Eingabe:

    1) Fehlerfreies CAP-Programm

    2) Präfix-Attribut-Tabelle

Ausgabe:

    Elementdatei

Die in Kapitel 10.3.2 beschriebenen Transformationen der CAP-Konstrukte auszuführen, ist die Aufgabe dieses GAG-generierten und von Hand modifizierten Compilers. Einzelheiten zur Arbeitsweise dieses Compilers werden in den folgenden Abschnitten beschrieben.

Wie bereits erwähnt, hat der Schaltungsentwerfer die Möglichkeit, den primären Ein- und Ausgängen seiner Schaltung und der darin enthaltenen Subschaltungen (= komplexe Schaltelemente) durch die Wahl geeigneter Präfixe für die Bezeichner der formalen Parameter die Attribute *clock_input_signal, select_input_signal, test_input_signal* oder *test_output_signal* zuzuordnen. Die Zuordnungsvorschrift Präfix → Attribut ist von dem Benutzer frei wählbar und muß in der Präfix-Attribut-Tabelle, einer Textdatei, spezifiziert werden. In dieser Datei wird je Zeile ein Eintrag der Form

Präfix <Blank> *Attributkürzel*

erwartet. Die Kürzel für die vier möglichen Attribute sind *cis, sis, tis* und *tos*. In der vorliegenden Implementierung darf der Präfix maximal zehn Zeichen lang sein. (Wenn dies nicht ausreichen sollte, kann durch die Modifikation der Konstante *MaxPrefixLength* im Source-Text des Compilers eine entsprechend gewünschte Zeichenlänge erreicht werden.) Primäre Eingänge, für die kein Präfix in der Präfix-Attribut-Tabelle enthalten ist, werden automatisch mit dem Attribut *data_input_signal* versehen.

Die Ausgabe dieses Compilers besteht aus der Elementdatei, in der die beschriebenen Schaltelemente und deren Verbindungen abgelegt werden. Diese Textdatei enthält keine Leerzeilen, und jede Zeile enthält genau einen mit 'P' (für *Prozedur*), 'E' (für *Element*), 'I' (für *Input*) oder 'O' (für *Output*) beginnenden Eintrag. Die Prozeduren werden dabei in Postorderreihenfolge aufgeführt. Der Inhalt der Elementdatei gehorcht der folgenden Syntax (in BNF):

circuit_description	::= procedure_list
procedure_list	::= procedure_list procedure_description | procedure_description
procedure_description	::= 'P' *postorder_no* element_list
element_list	::= element_list element_description | element_description
element_description	::= 'E' *id kind postorder line column name* input_list output_list
input_list	::= input_list input_description | input_description
input_description	::= 'I' *terminal_id attribute*
output_list	::= output_list output_description | output_description
output_description	::= 'O' *terminal_id attribute*

Die Terminalsymbole dieser kleinen Grammatik sind durch Kursivdruck gekennzeichnet. Bis auf *name* handelt es sich bei allen um ganze Zahlen. Ihre Semantik:

postorder_no

Postordernummer der Prozedur, zu der die folgenden Elementbeschreibungen gehören.

id

Eindeutige Zahl zur Identifizierung des Elements.

kind

Typ des Elements. Wegen der einfacheren Verarbeitung sind die Typen durch ganze Zahlen folgendermaßen kodiert:

1	complex	9	subtractor	17	nor	25	red_eqv
2	primary_input	10	multiplier	18	exor	26	mux
3	primary_output	11	divider	19	eqv	27	std_function
4	constant	12	modulo	20	red_and	28	latch
5	twos_complement	13	not	21	red_nand	29	flip_flop
6	substring	14	and	22	red_or	30	memory
7	comparator	15	nand	23	red_nor	31	fan_out
8	adder	16	or	24	red_exor	32	fan_in

postorder

Postordernummer des verwendeten komplexen Schaltelements (0, wenn *kind* $\neq$ *complex*).

line, column

Position des Elements im CAP-Programm. Dabei ist folgendes zu beachten: Elemente der Typen *complex*, *primary_input* und *primary_output* können direkt lokalisiert werden. Alle anderen Elemente werden durch den äußerst linken Bezeichner der zugehörigen Zuweisung lokalisiert. Bei Elementen vom Typ *flip_flop* oder *memory* ist dabei das erste Auftreten des zugehörigen *at*-Konstrukts relevant.

name

Zum Element gehöriger Bezeichner im CAP-Programm (sofern einer existiert).

terminal_id

Zahl zur Identifizierung eines Ein- oder Ausgangs eines Schaltelements. Tritt die gleiche *terminal_id* bei verschiedenen Elementen auf, so besteht zwischen diesen eine Verbindung.

attribute

Beim Ausgang eines Elements vom Typ *primary_input* :

0: *data_input_signal*

n: Verweis auf n-ten Eintrag in der Präfix-Attribut-Tabelle (n>0)

Beim Eingang eines Elements vom Typ *primary_output* :

0: Kein Attribut

n: Verweis auf n-ten Eintrag in der Präfix-Attribut-Tabelle (n>0)

(kann nur *tos* sein)

Bei den Ein- und Ausgängen aller übrigen Elemente:

0: Attributierung irrelevant

5: Adreßeingang eines Elements vom Typ *memory* bzw. Verbindung dazu

11.2.2.1 Attributierung der Grammatik

Im folgenden wird exemplarisch die Attributierung der Transform-Grammatik beschrieben. Auch hier sei für weitere Informationen auf den Source-Text der Grammatik verwiesen.

Für jede CAP-Prozedur werden die dort beschriebenen Elemente in einer Liste vom Typ *t_elements* gesammelt. Die zugehörigen ALADIN-Definitionen sehen so aus:

```
TYPE        t_element :
                STRUCT ( s_id         : SYMB,
                         s_kind       : INT,
                         s_postorder  : INT,
                         s_line       : INT,
                         s_column     : INT,
                         s_inputs     : t_terminals,
                         s_outputs    : t_terminals );
TYPE        t_elements :
                LISTOF t_element KEY s_id;
TYPE        t_terminal :
                STRUCT ( s_id         : SYMB,
                         s_attribute : INT );
TYPE        t_terminals :
                LISTOF t_terminal KEY s_id;
•
•
NONTERM proc_or_func_declaration :
                ...
                elements : t_elements SYNT;
```

Die Semantik der STRUCT-Komponenten von *t_element* und *t_terminal* deckt sich mit der im vorherigen Abschnitt beschriebenen Bedeutung der Terminalsymbole der Elementdatei-Syntax.

Beschreibt nun der Schaltungsentwerfer in seinem CAP-Programm mittels eines *case*-Konstrukts einen Multiplexer, so sehen die dann zur Anwendung kommenden ALADIN-Regeln folgendermaßen aus:

```
NONTERM expression :
        ...
        elements : t_elements SYNT,
        ...
•
•
NONTERM expression_case_list :
        ...
        terminals : t_terminals SYNT;
•
•
RULE cap229 : expression ::= 'case' expression 'of'
                        expression_case_list 'end'
STATIC
        ...
        expression[1].elements :=
```

```
        expression[2].elements +
        expression_case_list.elements +
        t_elements (t_element (
            expression[1].id,
            c_mux,
            0,
            expression[1].line,
            expression[1].column,
            t_terminals (t_terminal (expression[2].id, 0)) +
            expression_case_list.terminals,
            t_terminals (t_terminal (expression[1].id, 0))));
END;
    •
    •
RULE cap260 : expression_case_list ::= expression_case_label_list ':'
                    expression
STATIC
    TRANSFER ... elements;
    expression_case_list.terminals :=
        t_terminals (t_terminal (expression.id, 0));
END;
RULE cap261 : expression_case_list ::= expression_case_list ';'
                    expression_case_label_list ':'
                    expression
STATIC
    ...
    expression_case_list[1].terminals :=
        expression_case_list[2].terminals +
        t_terminals (t_terminal (expression.id, 0));
    expression_case_list[1].elements :=
        expression_case_list[2].elements + expression.elements;
END;
```

Das Attribut *elements* der Nonterminals *proc_or_func_declaration* und *expression* ist aus der Klasse der *SYNT*-Attribute, d.h., die Berechnung der Attributwerte erfolgt im Ableitungsbaum von unten nach oben. Daher müssen zur Berechnung der Elementliste *expression[1].elements* zunächst die Listen *expression[2].elements* und *expression_case_list.elements* konkateniert und dann das neue Element, der Multiplexer, hinzugefügt werden. Die Eingänge dieses Multiplexers werden durch *expression[2].id* als Steuereingang und *expression_case_list.terminals* als Dateneingänge gebildet. Als Ausgang fungiert *expression[1].id*.

11.2.2.2 Erstellung des Scanner-Moduls

Im wesentlichen gelten auch hier die Ausführungen aus 11.2.1.2. Der Unterschied zum Scanner des Analyse-Moduls besteht darin, daß hier mehr Terminalsymbol-Attribute zu berechnen sind. Dazu die ALADIN-Definitionen der Terminals:

```
TERM identifier :
        id        : SYMB,
        line      : INT,
        column    : INT,
        attribute : INT;
TERM decimal_number :
        id        : SYMB;
TERM bitstring :
        id        : SYMB;
TERM string : ;
```

Das Attribut *id* dient zur Identifizierung der Terminals; die Attribute *line* und *column* werden für die Lokalisierung der Schaltelemente verwendet. Die Implementierung der benutzerdefinierbaren Zuordnung Präfix → Attribut (hiermit ist jetzt kein ALADIN-Attribut gemeint, sondern *clock_input_signal, select_input_signal* etc.) für primäre Ein- und Ausgänge erfolgt durch das Attribut *attribute*. Im Scanner-Modul besorgt die Funktion *EvalAttr* die Berechnung dieses Attributs. Für diese Berechnung ist eine Initialisierung der internen Präfix-Attribut-Tabelle *AttrTab* nötig, die von der Prozedur *InitAttrTab* erledigt wird. Für Implementierungsdetails sei auch hier auf den Source-Text des Scanner-Moduls für den Transform-Compiler verwiesen.

11.2.2.3 Ausgabe der Elemente

Zur Ausgabe der Schaltelemente ist eine nachträgliche Modifikation des GAG-generierten Compilers notwendig, da in ALADIN keine Ausgabe von Attributwerten vorgesehen ist. (Für den ursprünglichen Zweck der Attributauswertung, nämlich der Überprüfung der semantischen Korrektheit eines Programms, ist dies ja auch nicht notwendig.) Die Elementausgabe muß jedoch zunächst im ALADIN-Programm vorbereitet werden. Dazu sind dort die folgenden Funktionen deklariert, die in der Regel *cap3* angestoßen werden:

```
FUNCTION f_postorder_out (po : INT) t_elements :
    t_elements ();
FUNCTION f_elements_out (elements : t_elements) t_elements :
    IF EMPTY (elements)
    THEN
        t_elements ()
    ELSE
        f_elements_out (TAIL (elements)) +
        IF ((HEAD (elements).s_kind = c_constant) AND
             KEY_IN_LIST (HEAD (elements).s_id, TAIL (elements))) OR
            (HEAD (elements).s_kind = c_dont_care)
        THEN
            t_elements ()
        ELSE
```

```
              t_elements (f_element_out (HEAD (elements)))
          FI
      FI;
  FUNCTION f_element_out (element : t_element) t_element :
      element;

          •

          •

  RULE cap3 : proc_or_func_declaration ::=
              'procedure' identifier parameters ';'
              block
  STATIC

      ...

      proc_or_func_declaration.elements :=
          f_elements_out (parameters.elements + block.elements) +
          f_postorder_out (proc_or_func_declaration.postorder);
  END;
```

Die Aufgabe der Funktion *f_elements_out* besteht im wesentlichen darin, eine ihr übergebene Elementliste zu durchlaufen und für jedes Element die Funktion *f_element_out* aufzurufen. (Nebenbei werden noch unerwünschte Ausgaben unterdrückt.) Die Funktion *f_element_out* bewirkt im ALADIN-Programm nichts, d.h., sie liefert den ihr übergebenen Parameter unverändert zurück. Analoges gilt für die Funktion *f_postorder_out*; hier wird eine leere Liste zurückgegeben. Der Sinn dieser beiden "nutzlosen" Funktionen besteht darin, im PASCAL-Text des generierten Compilers die Stellen, an denen die Modifikationen zur Elementausgabe notwendig sind, zu lokalisieren. GAG generiert nämlich zu diesen beiden ALADIN-Funktionen folgende PASCAL-Prozedur bzw. -Funktion:

```
  procedure P256f0postorder0out(X215po: T87INT;
          var F256f0postorder0out: UNIONTYPE);
  forward;

          •

          •

  function F258f0element0out(X259element: T195t0element):
  T195t0element;
  forward;

          •

          •

  procedure P256f0postorder0out(*(X215po: T87INT;
              var F256f0postorder0out: UNIONTYPE);*);
  begin
      F256f0postorder0out.COLIST:=EMPTY
  end(*f_postorder_out*);

          •
```

•

```
function F258f0element0out(*(X259element: T195t0element):
T195t0element;*);
begin
    F258f0element0out:=X259element
end(*f_element_out*);
```

In der Prozedur *P256f0postorder0out* und in der Funktion *F258f0element0out* sind nun die Routinen zur Ausgabe der Elemente in die Elementdatei einzufügen. Dazu muß man zunächst wissen, wie GAG die ALADIN-Typen *t_element* und *t_terminals* nach PASCAL abbildet und wie die Symboltabelle implementiert wird:

```
type POSINT = 0 .. maxint;
    •
    •
SYMBOLCODE = 0 .. MAXTERMINALCODE;
    •
    •
SYMB       = 1 .. MAXSYMB;
    •
    •
STRANGE     = STMIN .. STNIL;
STTEXTRANGE = STMINTEXT .. STMAXTEXT;


STENTRY = record
        FIRSTCHAR : STTEXTRANGE;
        TEXTLG    : POSINT;
        CODE      : SYMBOLCODE;
        COLLISION : STRANGE
        end;


    T87INT =integer;
    •
    •
    T90SYMB =SYMB;
    •
    •
    TPLISTELEMPTR =^TPLISTELEM;
    TPLIST =record HEAD,LAST: TPLISTELEMPTR end;
    •
    •
    T198t0terminals =TPLIST;
    •
```

●

T195t0element =ˆV195t0element;

T201t0terminal =ˆV201t0terminal;

●

●

V195t0element =record

      L176s0id: T90SYMB;

      L183s0kind: T87INT;

      L196s0postorder: T87INT;

      L178s0line: T87INT;

      L179s0column: T87INT;

      L197s0inputs: T198t0terminals;

      L199s0outputs: T198t0terminals

end;

V201t0terminal =record

      L176s0id: T90SYMB;

      L180s0attribute: T87INT

end;

●

●

UNIONTYPE =record

      case DISCR: ALLTYPES of

      ...

      U201t0terminal: (C201t0terminal: T201t0terminal);

      ...

end;

●

●

TPLISTELEM =record ELEMENT: ˆUNIONTYPE;NEXT: TPLISTELEMPTR end;

●

●

var

●

●

STAB   : array [STMIN..STMAX] of STENTRY;

STENTRY   = record

      FIRSTCHAR : STTEXTRANGE;

      TEXTLG   : POSINT;

      CODE   : SYMBOLCODE;

      COLLISION : STRANGE

```
                    end;

T87INT =integer;

            •

            •

        T90SYMB =SYMB;

            •

            •

        TPLISTELEMPTR =^TPLISTELEM;
        TPLIST =record HEAD,LAST: TPLISTELEMPTR
        end;

            •

            •

        T198t0terminals =TPLIST;

            •

            •

        T195t0element =^V195t0element;
        T201t0terminal =^V201t0terminal;

            •

            •


V195t0element =record
                L176s0id: T90SYMB;
                L183s0kind: T87INT;
                L196s0postorder: T87INT;
                L178s0line: T87INT;
                L179s0column : T87INT;
                L197s0inputs: T198t0terminals;
                L199s0outputs: T198t0terminals
end;

V201t0terminal =record
            L176s0id: T90SYMB;
        L180s0attribute: T87INT
        end;

            •

            •

        UNIONTYPE =record
          case DISCR: ALLTYPES of

          ...

          U201t0terminal: (C201t0terminal: T201t0terminal);

          ...

        end;
```

•

•

TPLISTELEM =record ELEMENT: ^UNIONTYPE;NEXT: TPLISTELEMPTR end;

•

•

var

•

•

STAB   : array [STMIN..STMAX] of STENTRY;

Damit wird nun das folgende, aus drei Routinen bestehende PASCAL-Fragment, durch das
P256f0postorder0out und *F258f0element0out* ersetzt werden, verständlich:

```
procedure P256f0postorder0out(*(X215po: T87INT;
        var F256f0postorder0out: UNIONTYPE);*);
begin
      F256f0postorder0out.COLIST:=EMPTY;
      writeln (ElemFile, 'P', X215po:12);
end(*f_postorder_out*);
procedure WriteSymb (s : SYMB);
var
      i : integer;
begin
      with STAB[s] do
            for i := 0 to TEXTLG-1 do
                  write (ElemFile, STTEXTFIELD[FIRSTCHAR+i]);
end;  (* WriteSymb *)
function F258f0element0out(*(X259element: T195t0element):
T195t0element;*);
var
      Ptr : TPLISTELEMPTR;
begin
      F258f0element0out:=X259element;
      with X259element^ do
            begin
                  write (ElemFile, 'E', L176s0id:12, L183s0kind:12,
                        L196s0postorder:12, L178s0line:12,
                        L179s0column:12, ' ');
            WriteSymb (L176s0id);
            writeln (ElemFile);

            Ptr := L197s0inputs.HEAD;
            while Ptr <> nil do
              begin
              with Ptr^.ELEMENT^.C201t0terminal^ do
                    writeln (ElemFile, 'I', L176s0id:12, L180s0attribute:12);
```

```
            Ptr := Ptr^.NEXT;
            end;
         Ptr := L199s0outputs.HEAD;
         while Ptr <> nil do
            begin
            with Ptr^.ELEMENT^.C201t0terminal^ do
                   writeln (ElemFile, 'O', L176s0id:12, L180s0attribute:12);
            Ptr := Ptr^.NEXT;
         end;
      end;
end(*f_element_out*);
```

Zusätzlich zu den oben beschriebenen Modifikationen sind noch folgende Einfügungen notwendig:

- In der Programm-Parameterliste:

  AttrFile, ElemFile

- Im Konstanten-Deklarationsteil: MaxAttr = 5; (* max. Anzahl von Attributen *)

  MaxPrefixLength = 10; (* max. Laenge eines Praefixes *)

- Im Typen-Deklarationsteil:

```
AttrTabType =
        array[1..MaxAttr] of
                record
                      Prefix : packed array[1..MaxPrefixLength] of char;
                      PrefixLength : 0..MaxPrefixLength;
                end;
```

- Im Variablen-Deklarationsteil:

  ElemFile : text;

  AttrTab : AttrTabType;

  (Die Deklaration von *AttrFile* erfolgt im Scanner-Modul.)

- Im Hauptprogramm: rewrite (ElemFile);

  (*reset (AttrFile)* erfolgt im Scanner-Modul.)

11.2.3   Der Transform-Postprozessor

Eingabe:

1) Elementdatei

2) Präfix-Attribut-Tabelle

3) Postordernummer

Ausgabe:

   1) Attributierter Schaltungsgraph

   2) Verweisdatei

Nach dem Lauf des Transform-Compilers wird dessen Ausgabe, die Elementdatei, einer Nachbehandlung durch den Transform-Postprozessor unterzogen. Dabei ist für jede beschriebene Teilschaltung (d.h. für jede CAP-Prozedur) ein Postprozessorlauf notwendig, wobei die zu verarbeitende Subschaltung durch die Vorgabe der entsprechenden Postordernummer (in einer Textdatei) identifiziert wird.

Die wesentliche Aufgabe des Postprozessors besteht darin, die zur vorgegebenen Postordernummer gehörenden Schaltelemente aus der Elementdatei zu lesen und diese in einen attributierten Schaltungsgraphen in PROLOG-Notation zu transformieren. Dabei werden eventuell vorhandene *fan_out1*-Knoten entfernt und zur Vermeidung von Mehrfachverweisen neue *fan_outn*-Knoten (n>1) hinzugefügt. Weiter erfolgt eine Neunumerierung der Knoten, beginnend bei 1, wobei zunächst die primären Eingänge, dann die primären Ausgänge und schließlich die restlichen Knoten gezählt werden.

Anschließend (d.h. nach der Ausgabe des attributierten Schaltungsgraphen) wird eine Verweisdatei erzeugt, die im Fall eines von dem Rule Checker gemeldeten Regelverstoßes die Lokalisierung dieses Fehlers im CAP-Programm erleichtern soll. Die Verweisdatei (ebenfalls eine Textdatei) enthält für jeden in der Teilschaltung vorkommenden Knoten einen Eintrag der Form

    node_id   *kind*   *line*   *column*   *name.*

Bis auf *name* handelt es sich dabei um ganze Zahlen. Die Semantik:

node_id

   Eindeutige Zahl zur Knotenidentifizierung.

kind

   Typ des Knotens als Zahl kodiert, wie in 11.2.2 beschrieben.

line, column

   Position des zugehörigen CAP-Konstrukts. Auch hier gelten die Ausführungen von 11.2.2.

name

   Zum Knoten gehöriger CAP-Bezeichner (sofern einer existiert).

11.2.4 Generierung der Steuerdatei für den Rule Checker

Eingabe:

1) Schaltungsname

2) Anzahl der Subschaltungen

Ausgabe:

Steuerdatei

Die letzte Komponente des CAP $\rightarrow$ PROLOG-Umsetzers ist der Postpostprozessor, der die Steuerdatei für den Rule Checker erzeugt. Diese Steuerdatei enthält lediglich ein PROLOG-Prädikat, das dem Rule Checker die Namen der Dateien, in denen die attributierten Schaltungsgraphen stehen, angibt. Diese Dateinamen werden aus dem Namen der Schaltung und der identifizierenden Postordernummer generiert.

Ein Beispiel: Sei *circuit* der Name einer Schaltung, die aus drei Subschaltungen besteht. Dann sieht der Inhalt der Steuerdatei folgendermaßen aus:

circuit_structure(['circuit.g1', 'circuit.g2', 'circuit.g3']).

11.3 DFT-Beschreibungen

11.3.1 Objektbaum von IDR

Die IDR eines primären Schaltungseingangs wird durch einen Frame dargestellt. Da IDRs keine Gemeinsamkeiten mit Knoten haben, befindet sich der Objektbaum IDR gleichberechtigt neben dem Objektbaum Knoten und sieht folgendermaßen aus:

```
<super>
    <Input Type Descriptor Relation>
        <Input Descriptor Relation Instance>
        •
        •
```

und eine Ausprägung eines IDR-Frames :

idr_xyz(ako, value, input_descriptor_relation).
idr_xyz($Typidentifikator_1$, value, [$Term\_ID_{1,1}, .., Term\_ID_{1,n_1}$]).
•
•
idr_xyz($Typidentifikator_m$, value, [$Term\_ID_{m,1}, .., Term\_ID_{m,n_m}$]).

Die Typidentifikatoren sind dabei vom Typ *integer* .

11.3.1.1 Beispiel einer IDR

Um die Struktur eines von einem Takteingang abhängigen Dateneingangs beschreiben zu können, eignet sich z.B. die Definition einer Eingangsrelation zwischen den Mengen der Takteingänge und Dateneingänge eines Knotens. Z.B. können an primären Takteingängen in der IDR vom Typ 1 alle primären Dateneingänge abgelegt werden, die direkt von dem Takteingang abhängen.

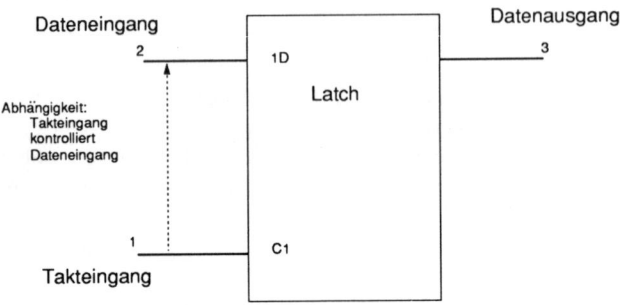

Abbildung 11.1: Relationen zwischen Schaltungseingängen

Für das obige Beispiel erhält man den folgenden Auszug aus der DFT-Beschreibung :

> latch(ako, value, ordinary_circuit_node).
> latch(dft_type, value, "MN").
> latch(pis, value, [1, 2]).
> latch(pos, value, [3]).
> latch(cis, value, [1]).
> latch(idr(1[1]), value, latch_1).
> latch(idr(2), value, latch_2).

mit den IDR-Frames :

> latch_1(ako, value, input_descriptor_relation).
> latch_1(1, value, [2]).
>
> latch_2(ako, value, input_descriptor_relation).
> latch_2(1, value, [ ]).

Durch den in der IDR vom Typ 1 des Takteingangs vorhandenen Term_ID 2 wird erkennbar, daß der Eingang, der durch das Eingangsterminal 2 dargestellt wird, vom Takteingang abhängt. Dadurch, daß die IDR vom Typ 1 des Eingangsterminals 2 leer ist, existiert kein Eingangsterminal, das in Relation vom Typ 1 zum Eingangsterminal 2 steht.

---

[1]Term_ID

11.3.2 Objektbaum symbolischer Signale

Ein symbolisches Signal wird wie ein Knoten im Schaltungsgraphen durch einen Frame dargestellt. Der Objektknoten <signal> ist im Objektbaum gleichberechtigt neben dem Objektknoten <node> angesiedelt. Auf diese Weise wird ausgedrückt, daß die Objekte vom Typ *signal* keine Gemeinsamkeiten mit den Objekten vom Typ *node* haben, außer daß Signale und Knoten durch Frames repräsentiert werden.

Der Objektbaum Signal hat folgendes Aussehen :

```
<super>
    <signal>
        <Primary Input Type Signal>
            <Primary Input Signal Instance>
            •
            •
        <Description Type Signal>
            <Description Signal Instance>
            •
            •
```

Die an den primären Schaltungseingängen erzeugten initialen Signale bilden im Objektbaum des ADT-Frames die primären Eingangssignale (<Primary Input Signal>). Alle so entstandenen Signale sind initialer Natur. Die innerhalb der Analyse errechneten Informationsträger bilden die beschreibenden Signale (<Description Signal>).

Die Ausprägungen beider Arten von symbolischen Signalen enthalten einen eindeutigen Bezeichner *Signal_ID* und eine variable Liste von Attributwertemengen, die ihrerseits über eindeutige Bezeichner *Attribut_ID* zu selektieren sind.

Beispiel eines symbolischen Signals :

signal_z(ako, value, description_signal).
signal_z(signal_ID, value, <integer>).
signal_z($Attribut\_ID_1$, value, $Attribut\_value_1$).
•
•
•
signal_z($Attribut\_ID_l$, value, $Attribut\_value_l$).

11.3.2.1 Signalmengen

Einer Leitung zwischen zwei Bauelementen wird während der Schaltungsanalyse eine Signalmenge zugeordnet, da diese Leitung zu mehreren konvergierenden Pfaden gehört und somit nicht durch ein einzelnes symbolisches Signal beschrieben werden kann. Eine Signalmenge besteht aus einem oder mehreren symbolischen Signalen und wird fest einem Ausgangsterminal zugeordnet. Das Eingangsterminal, welches mit Hilfe einer Referenz auf ein entsprechendes Ausgangsterminal zeigt und somit die Verbindung zwischen zwei Bauelementen herstellt, kann über dieselbe Referenz auf die Signalmenge zugreifen.

Eine Signalmenge bestehend aus mehreren symbolischen Signalen wird durch eine Menge von Frames gebildet. Ein Frame besitzt einen eindeutigen Namen. Es genügt daher, an einem Ausgangsterminal eine abzulegende Signalmenge durch Ablegen einer Liste von Framenamen, die nichts anderes als Referenzen darstellen, zu speichern.

Darstellung von den zu Ausgangsterminals eines Knotens gehörenden Signalmengen :

$$node\_x(Term\_ID_{n+1}, \text{value}, [\ signal_{n+1,1}, .. , signal_{n+1,k_{n+1}}\ ]).$$
-
-
-

$$node\_x(Term\_ID_m, \text{value}, [\ signal_{m,1}, .. , signal_{m,k_m}\ ]).$$

11.3.3 Beispiele einfacher ODSSs

Ein duales AND-Gatter besitzt genau ein ODSS, welches an dem Ausgang des Gatters abgelegt ist. Das ODSS besteht aus genau zwei ODS, wobei jedes ODS eine Verbindung von einem Eingang zu dem Ausgang herstellt. Durch das ODS wird mittels Attributierung ausgedrückt, daß ein Datenpfad, der über das AND-Gatter verläuft, innerhalb des AND-Gatters nicht durch einen Takt beeinflußt wird.

Das entsprechende ODSS des zum AND-Gatter mit zwei Eingängen gehörenden Ausgangsterminals hat folgendes Aussehen :

    and2(odss(3), value, [and_1, and_2]).

mit den ODS :

    and_1(ako, value, output_descriptor_signal).
    and_1(id, value, 1).
    and_2(ako, value, output_descriptor_signal).
    and_2(id, value, 2).

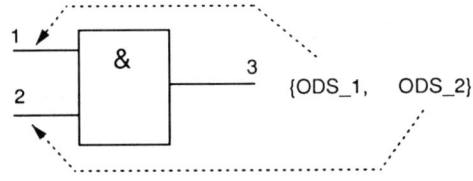

Abbildung 11.2: ODSS eines AND-Gatters

Das zum Ausgangsterminal eines Latch gehörende ODSS hingegen muß die Abhängigkeit des durch das Latch führenden Datenpfades vom Takteingang ausdrücken. Dazu kann z.B. ein Attribut *Indexmenge* (kurz in) benutzt werden, welches diese Abhängigkeit beinhaltet.

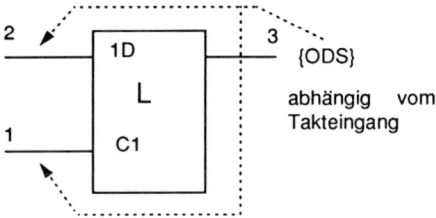

Abbildung 11.3: ODSS eines Latches

Das sich daraus ergebende ODSS :

    latch(odss(3), value, [latch_1]).

mit dem ODS :

    latch_1(ako, value, output_descriptor_signal).
    latch_1(id, value, 2).
    latch_1(in, value, [1]).

Der Signal_ID 2 gibt an, daß der Datenpfad vom Eingangsterminal 2 des Latches zum Ausgangsterminal verläuft. Der in der Indexmenge enthaltene Term_ID 1 gibt an, daß der Datenpfad durch
einen vom Eingangsterminal 1 gespeisten Taktpfad beeinflußt wird.

11.3.4 DFT-Beschreibung von Fanout-Knoten

Für verschiedene Regelsätze müssen i.a. unterschiedliche DFT-Beschreibungen elementarer Bauelemente angegeben werden, da es keine für alle denkbaren strukturorientierten Entwurfsregeln gültige
DFT-Beschreibungen gibt. Eine Ausnahme stellen die Fanout-Knoten dar, die eine feste und sehr
einfache DFT-Beschreibung haben, da sie keine Pfadmanipulationen vornehmen.

    fanout(ako, value, ordinary_circuit_node).
    fanout(dft_type, value, 'NMN').
    fanout(pis, value, [1]).
    fanout(cis, value, [ ]).
    fanout(sis, value, [ ]).
    fanout(tis, value, [ ]).
    fanout(tos, value, [ ]).
    fanout(idr(1), value, [fanout_1]).
    fanout(odss(_), value, [fanout_2]).

    fanout_1(ako, value, input_descriptor_relation).
    fanout_1(_ , value, [ ]).

    fanout_2(ako, value, output_descriptor_signal).
    fanout_2(id, value, 1).

fanout_2(_ , value, [ ]).

fanout2(ako, value, fanout).
fanout2(pos, value, [2, 3]).
●
●
●
fanoutn(ako, value, fanout).
fanoutn(pos, value, [1, 2, .., n]).

Der Typknoten $fanout$ enthält die Gemeinsamkeiten aller Fanout-Knoten unabhängig davon, wie-viele Ausgänge ein Ausprägungsknoten besitzt. So gilt für alle in einem Schaltungsgraphen vor-kommenden Fanout-Knoten, daß sie keine speichernden Schaltungselemente sind und genau ein Eingangsterminal besitzen, dessen Term_ID mit 1 bezeichnet wird. Die IDR des Eingangstermi-nals $fanout\_1$ ist in jedem Fall leer, da nur ein Eingangsterminal vorhanden ist, und das ODSS eines jeden Ausgangsterminals $fanout\_2$ besteht aus genau einem ODS, welches mit Hilfe des Sig-nal_IDs auf das Eingangsterminal des Knotens verweist, und dadurch, daß jeder Attributwert leer ist, aussagt, daß keine Pfadmanipulationen vorgenommen werden.

Alle Fanout-Knoten mit zwei Ausgängen werden unter dem Typknoten $fanout2$ zusammengefaßt. Die Menge der Ausgangsterminals besteht bei allen diesen Knoten aus den Terminals 2 und 3. Entsprechendes gilt für Fanout-Knoten mit einem größerem Ausgangsgrad, die sich nur durch un-terschiedliche pos unterscheiden.

11.4 Infix-Präfix-Wandler

Nach Eingabe der Regeln werden die Ausdrücke von einem Parser bearbeitet. Die wesentlichste Auf-gabe des Parsers ist dabei, nicht die Ausdrücke auf ihre syntaktische Korrektheit hin zu überprüfen, sondern aus einem Infix-Ausdruck einen Präfix-Ausdruck in Prolog-Notation zu generieren, bei dem die Operatoren durch entsprechende Klauselnamen ersetzt sind. Diese Umwandlung in eine interne Form geschieht nach der Regelformulierung genau einmal, wonach die Regeln dem Rule Checker übergeben werden.

Der Infix-Präfix-Wandler soll z.B. aus dem Infix-Ausdruck : $MN \in dft\_type(\ V_i\ )$

einen Präfix-Ausdruck der Form : $elemof(\ MN,\ dft\_type(\ i\ )\ )$ generieren.

Das Regelformulierer-Modul stellt zur Definition der in dem DFT-Kalkül auftretenden Regeln Ope-ratoren zur Verfügung. Zur Berechnung jedes Operators muß zur Auswertung der Regel eine Pro-zedur bereitgestellt werden. Wird eine Regel vom Parser akzeptiert, so erzeugt der Parser sowohl für den Bedingungsteil als auch für den Ereignisteil der Regel Prologstrukturen, welche die entspre-chenden Ausdrücke widerspiegeln.

Im derzeitig implementierten Infix-Präfix-Wandler werden folgende Operatoren zur Formulierung von Regeln zugelassen :

Operator	Prozedur	Funktion
Boolesche Operatoren:		
not	not	nicht
and	and	und
or	or	oder
~	elemof	Element aus
exists x ~ M : B(x)	exists	Existenzquantor
for_all x ~ M : B(x)	for_all	Allquantor
Vergleichsoperatoren:		
=	eq	Gleichheit
<>	neq	Ungleichheit
Mengenoperationen:		
+	union	Vereinigung
%	inter	Durchschnitt
-	diff	Differenz
{x|x ~ M and B(x)}	build_set	Mengenbildung mit Bedingung
#	card	Kardinalität
{}	es	leere Menge
# x ~ M : A(x)	union_set	Vereinigung über Mengen
DRC-spezifische Operatoren:		
$	s_inter	eckiger Durchschnitt
Zuweisungen:		
:=	stat	Zuweisung
all x ~ M do	all	Schleife von Zuweisungen
Außerdem:		
	proj	Projektion

Die Rule Checker-spezifische Funktion *eckiger Durchschnitt* ($) wird auf zwei Signalmengen oder auf eine Signalmenge und eine Menge von Signal_IDs angewendet.

Bei der Anwendung auf zwei Signalmengen bildet der eckige Durchschnitt den Durchschnitt der Signalmengen bezüglich ihrer Signal_IDs. Das Ergebnis eines Ausdrucks

$$ss(\ T_i\ )\ \$\ ss(\ T_j\ )$$

ist wieder eine Signalmenge, die alle Signale aus $ss(\ T_i\ )$ bzw. aus $ss(\ T_j\ )$ enthält, für die mindestens ein Signal mit demselben ID in der jeweils anderen Signalmenge existiert.

Wird der eckige Durchschnitt auf eine Signalmenge und eine Signal_ID-Menge angewendet, ist das Ergebnis ebenfalls eine Signalmenge. Das Ergebnis eines Ausdrucks

$$ss(\ T\ )\ \$\ signal\_id\_set$$

ist eine Teilmenge von $ss(\ T\ )$, und zwar sind das alle die Signale, deren Signal_IDs in der Menge signal_id_set enthalten sind. Mit Hilfe dieser Operation auf Signalmengen können Pfade von primären Schaltungseingängen zu den Eingängen eines Bauelements untersucht werden. Eine nähere Beschreibung kann aus [GLÄS87] entnommen werden.

Die Operatoren bilden eine für die Formulierung der Ausdrücke notwendige Regelsprache, welche vor allem zwei Anforderungen genügen sollte:

- eine einfache Syntax

- universelle Operatoren

Durch eine einfache Syntax soll erreicht werden, daß eine komplexe Regel auch für einen Benutzer, der sie nicht formuliert hat, lesbar ist. Der Aufbau komplexer Operationen soll dadurch erreicht werden, daß ein Satz von universellen Operatoren zur Verfügung gestellt wird. Die im Parser vorhandenen Grammatik-Regeln konnten mit Hilfe einer Prolog-spezifischen Technik direkt angegeben werden. Das Konzept der *Grammar Rules* erlaubt es, einen einfachen Parser durch Angabe seiner Grammatik-Regeln zu realisieren. Darüber hinaus wird, falls ein eingegebener Ausdruck aus der Sprache der Grammatik stammt, automatisch ein Präfix-Ausdruck generiert. Die Angabe der im Infix-Präfix-Wandler vorhandenen Grammatik soll durch den folgenden Auszug erläutert werden:

```
check_rule  → ['IF'], bool_expr, ['THEN'], bool_expr
bool_expr   → ['TEST'], bool_expr
bool_expr   → ['not'], bool_expr
bool_expr   → bool
bool_expr   → bool, bool_opr, bool_expr
bool_opr    → ['and']
bool_opr    → ['or']
bool        → ['for_all'], elem, ['~'], set_expr, bool_expr
bool        → ['exists'], elem, ['~'], set_expr, [':'], bool_expr
bool        → elem, ['~'], set_expr
bool        → integer, ['='], ['#'], set_expr
bool        → set_expr, ['='], set_expr
set_expr    → set
set_expr    → set, set_opr, set_expr
set_opr     → ['+']
set_opr     → ['-']
set_opr     → ['%']
set_opr     → ['$']
set         → ['{'], elem, ['|'], elem, ['~'], set_expr, ['}']
set         → ['{'], elem, ['|'], elem, ['~'], set_expr, ['and'], bool_expr, ['}']
set         → elem
elem        → identifier
elem        → identifier, ['.'], elem
```

Mit Hilfe des in einem Prolog-Interpreter befindlichen Backtracking-Mechanismus werden alle Möglichkeiten einer Ableitung für einen gegebenen Ausdruck ausprobiert. Scheitert jedoch jede Möglichkeit einer Ableitung, so ist sicher, daß der Ausdruck nicht in der von der Grammatik definierten Sprache ist. Weitere Erläuterungen zu dem Konzept der Grammar Rules können aus [CLOC81] oder [KLEI86] entnommen werden.

11.5 Implementierung des Transferalgorithmus

Hinsichtlich der beabsichtigten Weiterentwicklung des Rule Checkers zu einem universellen Überprüfungswerkzeug für "beliebige" DFT-Regelsätze wurde eine flexible Auslegung des zu entwickelnden Prototyps angestrebt.

Speziell dieser Grund als auch weitergehende Aspekte, wie *Fast Prototyping* und die Möglichkeit zum *explorativen Programmieren*, haben zur Auswahl von Prolog für die Implementierung des Entwicklungssystems geführt.

Der Algorithmus zum Aufschneiden von Zyklen (vgl. 10.6.2) ist in einer C-Prozedur implementiert, die dadurch, daß sie in dem Code des Prolog-Interpreters eingebunden wurde, wie ein *built in*-Prädikat zur Verfügung steht.

11.5.1 Generierung initialer Signalmengen

Signalmengen primärer Schaltungseingänge müssen initial generiert werden. Eine solche initiale Signalmenge enthält genau ein Signal mit dem Bezeichner der entsprechenden Terminals als Signal_ID und einer durch "*initial_attributes*" vom Benutzer definierten Attributliste.

```
generate_initial_ss(Node) :-
      functor_generate(Signal),
      frame_put(Node, 1, [ Signal]).
      frame_get(Node, id, Node_ID),
      frame_put(Signal, id, Node_ID),
      frame_put(Signal, ako, output_descriptor_signal),
      frame_get(Signal, initial_attributes, Default_Attributs),
      initialise_signal(Signal, Default_Attributs).

initialise_signal(_, []).

initialise_signal(Signal, [ Attribut | Rest ]) :-
      frame_put(Signal, Attribut, [ ]),
      initialise_signal(Signal, Rest).
```

generate_initial_ss erzeugt eine initiale Signalmenge, bestehend aus genau einem initialen Signal. Diese Funktion wird an jedem primären Eingangsknoten eines Transfergraphen genau einmal aufgerufen. Zunächst wird ein eindeutiger Name des zu erzeugenden Signals generiert. Ein primärer Eingangsknoten besteht immer aus genau einem Ausgangsterminal mit der Term_ID 1, an dem eine Liste, bestehend aus dem Namen des Signals, abgelegt wird. Diese Liste bildet die initiale Signalmenge. Das Signal erhält als ID den Node_ID des aktuellen Eingangsknotens und zur Klassifizierung den entsprechenden ako-Slot. Die Generierung der Signalmenge wird durch die Initialisierung der Signalattribute (*initialise_signal*) vervollständigt. Dazu wird für jedes vom Benutzer angegebenen Signalattribut eine leere Attributwertemenge abgelegt.

11.5.2 Generierung initialer IDRs

Allen primären Eingängen einer Schaltung werden initiale IDRs zugewiesen.

```
generate_initial_idr(Circuit) :-
      ppis(PPIS_list),
      initialise_idr(Circuit, PPIS_list).

initialise_idr(_, []).

initialise_idr(Circuit, [ PI | Rest_PPIS ]) :-
      functor_generate(IDRname),
      frame_put(IDRname, ako, input_descriptor_relation),
      frame_put(Circuit, idr(PI), IDRname),
      initialise_idr(Circuit, Rest_PPIS).
```

generate_initial_idr generiert für jeden primären Eingangsknoten des aktuellen Transfergraphen einen initialen IDR-Frame. Die Funktion *ppis* liefert die Menge der primären Schaltungseingänge des aktuellen Transfergraphen. Für jeden einzelnen Eingangsknoten wird dann *initialise_idr* aufgerufen. Diese Funktion generiert zunächst einen eindeutigen Namen eines Frames, der durch Hinzufügen des entsprechenden ako-Slots zu einer initialen IDR initialisiert und am aktuellen Eingangsknoten abgelegt wird.

11.5.3 Globaler Transferablauf

Die folgenden Klauseln beschreiben sowohl den Postorder-Durchlauf durch den Strukturbaum als auch den Postorder-Durchlauf durch einen Schaltungsgraphen.

```
analyse(Result) :-
      circuit_structure(Structure_Tree),
      protocol_file(analyser, ProtFile),
      tell(ProtFile),
      analyse_loop(Structure_Tree, Result),
      told.
```

analyse startet die Schaltungsanalyse einer im allgemeinen aus einer Menge von Schaltungsgraphen bestehenden Schaltungsbeschreibung. Die hierarchische Einbettung der einzelnen Schaltungsgraphen enthält der *Structure_Tree* in Form einer Postorder-sortierten Liste.

```
analyse_loop([], ['No Violation detected']).

analyse_loop([ GraphFile | RestFiles ], Result) :-
      cycle_murder(GraphFile, 'INT.transfer_graph'),
      reconsult('INT.transfer_graph'),
      frame_get(state, actual_circuit, Circuit),
      generate_idr(Circuit),
      analyse_one_level(Circuit),
      update_idr(Circuit),
      update_odss(Circuit),
      analyse_loop(RestFiles, Result).

analyse_loop(_, ['DFT-Rule violated']).
```

Für jeden Schaltungsgraphen aus dem Strukturbaum der Schaltungsbeschreibung wird genau einmal *analyse_loop* gestartet, wobei zunächst mit Hilfe der Funktion *cycle_murder* der Schaltungsgraph in einen Transfergraphen transformiert wird. Nachdem für jeden primären Eingangsknoten der Schaltung ein initiales IDR erzeugt wurde, wird die Analyse auf einer Ebene der Schaltungsbeschreibung durch den Aufruf von *analyse_one_level* gestartet.

```
analyse_one_level(Circuit) :-
    ppos(PPOS),
    !,
    member(Node_ID, PPOS),
    label(Node_ID, Node),
    calculate_output_ss(Node, ODSS),
    frame_put(Circuit, odss(Node_ID), ODSS),
    fail.

calculate_output_ss(Node, ODSS) :-
    frame_get(Node, pis, PIS),
    calculate_input_ss(Node, PIS),
    frame_replace(state, actual_node, Node),
    dft_rule_violation,
    modify_input_descriptors,
    transfer_input_signals,

calculate_input_ss(_, []).

calculate_input_ss(Node, [ Input| R]) :-
    frame_get(Node, Input, t(SonNode, Output)),
    frame_get(SonNode, Output, Signal_Set),
    calculate_input_ss(Node, R).
```

analyse_one_level startet die eigentliche Analyse eines Transfergraphen. Der Postorder-Durchlauf durch den Transfergraphen beginnt bei den primären Schaltungsausgängen der Schaltung. Der anschließende rekursive Abstieg durch den Transfergraphen bricht ab, wenn ein Knoten erreicht wird, der bereits betrachtet und ein *Output Descriptor Signal Set* (ODSS) berechnet wurde, oder wenn primäre Schaltungseingänge erreicht werden. An diesen werden initiale Signalmengen berechnet. Wurden alle Vorgängerknoten eines Knotens betrachtet, so wird dieser Knoten zum *aktuellen* Knoten, d.h., die Regelüberprüfung kann gestartet werden. Der entsprechende Aufruf *dft_rule_violation* wird gefolgt von dem Aufruf *modify_input_descriptors*, indem die Regeln zur Modifikation der *Input Descriptor Relations* (IDR) ausgewertet werden. Anschließend werden mit Hilfe der an den Eingängen anliegenden Signalmengen durch den Aufruf *transfer_input_signals* Ausgangssignalmengen berechnet und den entsprechenden Ausgangsterminals des Knoten abgelegt, was einem Signaltransfer über den aktuellen Knoten entspricht.

11.6 Regelinterpreter

Alle in diesem Algorithmus auszuwertenden Regeln werden von ein und demselben Regelinterpreter interpretiert. Die Regeln werden in einer *IF Bedingung THEN Ereignis*-Form vom Benutzer verlangt. Eine Bedingung bzw. ein Ereignis wird dabei in Form eines postfix-Ausdrucks angegeben. Die Interpretation eines postfix-Ausdrucks besteht aus einer rekursiven Interpretation aller Argumente des Ausdrucks. Sind alle Argumente ausgewertet, kann auch der äußerste Operator mit all seinen Argumenten ausgewertet werden.

Metainterpreter zur Regelauswertung:

```
test(Op, E) :-
      atom(Op),
      Goal =.. [ Op, E],
      Goal.
      Klausel für Ausdrücke der Form :
            pis
      mit entsprechender Prozedur:
            pis(PIS) :-
                  frame_get(state, actual_node, NodeFrame),
                  frame_get(Node_frame, pis, PIS).
test([ Op, [ A]], E) :-
      atom(Op),
      test(A, EA),
      Goal =.. [ Op, EA, E],
      Goal.
      Klausel für Ausdrücke der Form:
            [ not, [ Bool_expr ]]
      mit entsprechender Prozedur:
            not(0, 1).
            not(1, 0).
test([ Op, [ A, B]], E) :-
      atom(Op),
      test(A, EA),
      test(B, EB),
      Goal =.. [ Op, EA, EB, E],
      Goal.
      Klausel für Ausdrücke der Form:
            [ elemof, [ Elem, Set_expr ]]
      mit entsprechender Prozedur:
            elemof( Elem, Set, 1 ) :-
                  member( Elem, Set ).
            elemof( _, _, 0).
test([ Op, [ A, B, C]], E) :-
      atom(Op),
      var(A),
      test(B, EB),
      Goal =.. [ Op, A, EB, C, E],
      Goal.
      Klausel für Ausdrücke der Form:
            [ exists, [ Elem, Set_expr, Bool_expr ]]
      mit entsprechender Prozedur:
            exists(_, [], _, 0).
            exists(Elem, [ Elem | Rest ], Bool_expr, 1) :-
                  test(Bool_expr, 1).
            exists(Elem, [ _ | Rest ], Bool_expr, Result) :-
                  exists(Elem, Rest, Bool_expr, Result).
test(X, X).
      Klausel für primitive Ausdrücke wie:
            Atome: "MN", "LPO", .. oder Integer
```

Die Metainterpreter-Technik ist innerhalb der logischen Programmierung weit verbreitet und wird in [KLEI86] weiter erläutert.

Für alle in den Ausdrücken vorkommenden Operationen sind entsprechende Prozeduren bereitzustellen. Eine Erweiterung des Satzes von Operationen beschränkt sich somit auf das Hinzufügen einer entsprechenden Prozedur.

Kapitel 12

Zusammenfassung und Ausblick

Die Entwurfsqualitätsmaße für hochintegrierte Schaltungen und Systeme repräsentieren sich in Form von strukturellen Informationen. Nach umfangreichen Untersuchungen und der Klassifikation der existierenden DFT-Regeln kann man unter anderem feststellen, daß diese Regeln überwiegend strukturorientiert sind (vgl. 7.2), wie z.B. LSSD-Regeln, BILBO-Regeln und der größte Teil des VENUS-Regelsatzes [HÖRB87]. Regeln dieser Art werden zwar in natürlichsprachlicher Form sehr uneinheitlich, unklar und uneindeutig formuliert, haben aber viele gemeinsame Merkmale. Sie beinhalten:

> Definition von Objekttypen

1. Schaltelementtypen
   (z.B. Speicherelemente, Multiplexer)

2. Pfadtypen
   (z.B. Taktpfade, Datenpfade),
   die sich anhand charakterisierender Strukturmerkmale von Pfaden ergeben:
   a) Typ des zugehörigen Primäreingangs
   b) Typ des durchlaufenden (Eingangs-) Terminals
   c) Strukturmerkmale von mit einem anderen Pfad 'interagierenden' Pfaden

> Aussagen über die Existenz von Pfaden eines Typs und die Relationen zwischen Pfaden verschiedenen Typs

1. Existenz von Pfaden eines Typs zwischen zwei Terminaltypen:

   a) sequentielle Pfade mit "sequentieller Tiefe" < n zwischen primären Inputs und primären Outputs
   b) direkte Pfade zwischen dem primären SET/RESET-Eingang und den SET/RESET-Eingängen der speichernden Schaltelemente
   c) Taktpfade zwischen den primären Takteingängen und den Takteingängen der speichernden Schaltelemente
   d) direkte Pfade zwischen dem primären SCANMODE-Eingang und den SCANMODE-Eingängen der speichernden Schaltelemente

2. Relationen zwischen Pfaden gleicher oder verschiedener Pfadtypen:
   a) Taktpfade, die durch die Relation "logische Verknüpfung" zueinander stehen
   b) Taktpfade, die irgendwelche Datenpfade steuern
   c) Datenpfade, die zu den Testpfaden durch den Multiplexer in Relation stehen

Der Nachweis der Entwurfsqualität über die Bereitstellung entsprechender Maße wird in der frühen Phase des Entwurfs gefordert. In den vorangegangenen Kapiteln wurden solche Maße aufgezeigt und die Grundzüge eines Kontrollsystems über die Bereitstellung dieser Maße dargelegt. Dabei wirkt ein wissensbasiertes System als Schale über einen hierarchischen und parametrisierbaren Graphalgorithmus.

Mit dem hier vorgestellten System lassen sich die Schaltungsentwürfe der Registertransfer- oder Gatterebene auf die Einhaltung prüftechnischer Entwurfsregeln überprüfen. Das System ist imstande, den Entwerfer schon in frühen Stadien des Entwurfs bezüglich der Testbarkeit zu unterstützen. Dabei hat der Entwerfer die Möglichkeit, beliebige entwurfsspezifische DFT-Regeln zu definieren, die erstens strukturbezogen sind und zweitens sich auf die Registertransfer- oder Gatterebene beziehen. Dadurch wird schon der Großteil von DFT-Regeln verschiedener Klassen (vgl. 7.2) abgedeckt. Regeln, die sich auf tiefere Ebenen als Gatterebene beziehen, oder Regeln, die sich nur durch einen 'Simulationslauf' oder Textmustervergleich überprüfen lassen, können von dem System nicht erfaßt und nicht überprüft werden. Auf diesem Gebiet wären weitere Forschungsaktivitäten empfehlenswert.

Das System eignet sich für beliebige Schaltungsentwürfe, die gewissen Minimalanforderungen (vgl. 10.3.1.1) genügen. Liegt eine Schaltungsbeschreibung in einer geeigneten Hardware-Beschreibungssprache vor, so kann der attributierte Schaltungsgraph automatisch generiert werden. Dagegen aber müssen die DFT-Beschreibungen für elementare Schaltungstypen einmal vorgegeben werden. Die DFT-Beschreibungen der komplexeren Schaltelemente oder Schaltungsteile entstehen automatisch bei der Durchführung der Analyse. Deshalb reduziert sich der Analyseaufwand bei Schaltungen mit hoher Regularität.

Das System sieht vor, die Analyse nach dem Auftreten einer Regelverletzung zu unterbrechen, damit anschließend von dem Entwerfer entsprechende Verbesserungen in dem Schaltungsentwurf vorgenommen werden können. Diese Maßnahme ist notwendig, um Folgeverletzungen oder Maskierung der nachfolgenden Regelverletzungen zu vermeiden. Daraufhin ist ein Neustart der Analyse zu empfehlen, da sich die topologische Ordnung der Knoten verändert haben könnte.

Dieses Kontrollsystem soll als ein Werkzeug zur Unterstützung des Entwurfs und der Entwicklung von Hardware-Systemen auf verschiedenen Ebenen (Chip, Board und System) dienen.

Um eine Mehrfachhaltung der zur Beurteilung der strukturbeschreibenden Entwurfsergebnisse notwendigen Informationen zu vermeiden, sollte das diesbezügliche Kontrollsystem ein Teil des umfassenden Entwurfs- und Entwicklungssystems sein. Das Kontrollsystem sollte insbesondere mit den Teilkomponenten des übergeordneten Systems kooperieren, die zur Aufwandschätzung und Qualitätssicherung herangezogen werden. Nahezu alle Aufwandschätzverfahren berücksichtigen direkt oder indirekt die Komplexität der zu lösenden Aufgabe; unerwartete Komplexitätsänderungen müssen daher festgestellt und offengelegt werden.

Eine solche Einbettung ermöglicht auch das Sammeln von Erfahrungsdaten, um die Korrelation zwischen Qualitätsmaßen und Entwurfsqualität zu präzisieren. Das ermöglicht dem Entwerfer, nicht nur die schwach steuer- und beobachtbaren Punkte in seinem Schaltungsentwurf zu finden, sondern stellt ihm gleichzeitig ein Werkzeug zur Verfügung, mit dessen Hilfe er DFT-Regeln bezüglich dieser Punkte formulieren kann.

Literaturverzeichnis

[ABAD85] M.S. Abadir und M.A. Breuer: A Knowledge-Based System for Designing Testable VLSI-Chips. IEEE Design and Test, August 1985

[AHO 76] A. Aho, J. Hopcroft und J. Ullman: The Design and Analysis of Computer Algorithms. Reading Mass.: Addison-Wesley, 1976

[ANDO80] H. Ando: Testing VLSI with random access scan. Dig. Papers, IEEE, Spring Compcon, 1980

[BARB79] M.R. Barbacci, W.B. Dietz und L.J. Szewerenko: Specifications, Evaluation and Validation of Computer Architecture Using Instruction Set Processor Descriptions. Proceedings of the 4th International Symposium on Computer Hardware Description Languages, IEEE, 1979

[BARD82] P.H. Bardell und W.H. McAnney: Self-testing of multichip logic modules. Proceedings of the IEEE International Test Conference, Philadelphia, 1982

[BASD83] A. Basden: On the application of expert systems. International Journal of Man-Machine Studies 19, 1983

[BEN81a] J.S. Bennett und C.R. Hollander: DART: an expert system for computer fault diagnosis. International Joint Conference on Artificial Intelligence, 1981

[BEN81b] R.G. Bennetts, C.M. Maunder und G.D. Robinson: CAMELOT: A computer-aided measure for logic testability. IEEE Proceedings, Vol. 128, Part E, Nr. 5, 1981

[BENN84] R.G. Bennetts: Design of Testable Logic Circuits. Addison-Wesley Publishers Limited, 1984

[BENO75] N. Benowitz, D.F. Calhoun, G.E. Anderson, J.E. Bauer und C.T. Joeckel: An advanced fault isolation system. IEEE Transactions on Computers, 1975

[BERG82] W.C. Berg und R.D. Hess: COMET, A testability analysis and design modification package. Proceedings of the IEEE Test Conference, 1982

[BEUC84] F.P. Beucler und M.J. Manner: HILDO: the Highly Integrated Logic Device Observer. VLSI Design, 1984

[BHAV83] D.K. Bhavsar: Design for Test Calculus: An Algorithm for DFT Rule Checking. Proceedings of the 20th Design Automation Conference, Miami 1983

[BIDJ87] M. Bidjan-Irani, U. Glässer und F.J. Rammig: Knowledge Based Tools for Testability Checking. Proceedings of the 3rd International Conference on Fault-Tolerant Computing Systems (F. Belli and W. Görke ed.), Bremerhaven, Sept. 1987

116

[BREU85] M.A. Breuer und Xi-an Zhu: A knowledge based system for selecting a test methodology for a PLA. Proceedings of the 22nd Design Automation Conference, Las Vegas, NV, 1985

[BRGL84] F. Brgdlez: On testability analysis of combinational networks. Proceedings of the International Symposium on Circuits and Systems, 1984

[CAMP84] R. Camposano und R. Weber: DSL – eine Sprache zur Spezifikation digitaler Schaltungen. Interner Bericht Nr. 24/84 der Universität Karlsruhe, 1984

[CAPO86] G. Capodi, P. Camurati und P. Prinetto: The use of prolog for executable specification and verification of easily testable design. Proceedings of the 16th International Symposium on Fault-Tolerant Computing, Vienna, 1986

[CHAL79] M.J. Chalkley: Trends in VLSI testing. Test Conference, Cherry Hill, 1979

[CHEE83] P. Ceeseman: A Method of Computing Generalised Bayesian Probability Values for Expert Systems. Proceedings of the 8th International Conference on Artificial Intelligence, Karlsruhe, 1983

[CLOC81] W.F. Clocksin und C.S. Mellish: Programming in PROLOG. Springer-Verlag, 1981

[CUAD86] J.L. Cuadrado und C.Y. Cuadrado: AI in Computer Vision. Byte, Jan. 1986

[DACH81] R. Dachauer, F.J. Rammig, K. Gröning und K.D. Lewke: The CAP/DSDL System: Simulator and case study. 10th International Conference on CHDL, pp. 213-217, Kaiserslautern, FRG, Sept. 1981

[DASG84] S. DasGupta, M.C. Graf, R.A. Rasmussen, R.G. Walther und T.W. Williams: Chip Partitioning Aid: a design technique for partitionability and testability in VLSI. Proceedings of the 21st Design Automation Conference, Albuquerque, 1984

[DECK84] H. Decker und J. Maierhofer: Very high level model description and simulation. Proceedings of the Soc. Comput. Simulation Conference, San Diego, 1984

[DEJK77] W.J. Dejka: Measure of testability in device and system design. 20th Midwest Symposium on Circuits and Systems, 1977

[DUDA83] R.O. Duda: Applications of expert systems. Automatic test program generation workshop, California, März 1983

[DUSS78] J.A. Dussault: A testability measure. Proceedings of the IEEE Semiconductor Test Conference, 1978

[ESHG82] K. Eshghi: Application of metalevel programming to fault finding in logic circuits. 1st International logic programming conference, Marseille, France, Sept. 1982

[EICH77] E.B. Eichelberger and T.W. Williams: A logic design structure for LSI testability. Proceedings of the 14th Design Automation Conference, New Orleans, 1977

[FASA80] P.P. Fasa: BIDCO, Built-In Digital Circuit Observer. IEEE Test Conference, Cherry Hill, 1980

[FROH77] R.A. Frohwerk: Signatur analysis: a new field service method. Hewlett-Packard Journal, 1977

[FUJ82a] H. Fujiwara und S. Toida: The complexity of fault detection: An approach to design for testability. Proceedings of the 21st International Symposium on Fault-Tolerant Computing, Santa Monica, 1982

[FUJ82b] H. Fujiwara und S. Toida: The complexity of fault detection problems for combinational logic circuits. IEEE Transactions on Computers, c-31, 1982

[GANN84] J.W. Gannett: Self-Testing by Integrated Feedback (STIF). Letter in VLSI Design, 1984

[GARE79] M.R. Garey und D.S. Johnson: Computers and Interactability; a Guide to the theory of NP-completeness. Freeman and Company, 1979

[GENE82] M.R. Genesereth: Diagnosis Using hierarchical Design models. Proceedings of the National Conference on AI, Pittsburgh, PA, August, 1982

[GENE84] M.R. Genesereth: The Use of Design Descriptions in Automated Diagnosis. Artificial Intelligence, Vol. 24, 1984

[GENE85] M.R. Genesereth und M.L. Ginsberg: Logic Programming. Communications of the ACM, Sept., Vol. 28, Nr. 9, 1985

[GERN88] M. Gerner: Methodik zum Testarchitekturentwurf bei VLSI-Bausteinen. Dissertation, Universität Linz, Januar 1988

[GLÄS87] U. Glässer: Hierarchische DFT-Analyse. Diplomarbeit, Universität/GH Paderborn, April 1987

[GODO79] H.C. Godoy, G.B. Franklin und P.S. Bottorf: Automatic Checking of Logic Design Structure for Compliance with Testability Ground Rules. Proceedings of the 16th Design Automation Conference, San Diego, 1979

[GOEL82] P. Goel und M.T. McMahon: Electronic chip-in-place test. Proceedings of the 19th Design Automation Conference, Las Vegas, 1982

[GOLD79] L.H. Goldstein: Controllability/Observability analysis of digital circuits. IEEE Transactions on Circuits and Systems, Vol. 26, 1979

[GULL85] E. Gullichsen: Heuristic circuit simulation using PROLOG. INTEGRATION, the VLSI journal, North-Holland Publishers, 1985

[GUPT86] R. Gupta: Test-pattern generation for VLSI circuits in a PROLOG environment. 3rd International Conference on Logic Programming (E. Shapiro ed.), Lecture Notes in Computer Science, Band 225, Springer-Verlag, Berlin, 1986, pp 528-535

[HAHN83] W. Hahn: Computer Design Language Version Munich, a Multilevel Simulation Tool. Proceedings of the 1st European Simulation Congress, Aachen, 1983

[HART77] R.W. Hartenstein: Fundamentals of structured Hardware Design. North Holland Publishing Co., Amsterdam, New York, 1977

[HAYE75] J.P. Hayes: Testing logic circuits by transition counting. 5th International Symposium on Fault-Tolerant Computing, Paris, 1975

[HAYE83] F. Hayes-Roth, D.A. Waterman und D.B. Lenat: Building Expert Systems. Addison-Wesley, London, 1983

[HILL79] D.D. Hill: ADLIB: A Modular, Strongly-Typed Computer Design Language. Proceedings of the 4th International Symposium on Computer Hardware Description Languages, IEEE, 1979

[HIRG84] E.S. Hirgelt: Knowledge Representation in an In-circuit Test Program Generator. Proceedings of the IEEE International Test Conference, Philadelphia, PA, 1984

[HORS83] P.W. Horstmann: Design for Testability Using Logic Programming. Proceedings of
the IEEE International Test Conference, 1983

[HORS84] P.W. Horstmann und E.P. Stabler: CAD using Logic Programming. 21st Design
Automation Conference, 1984

[HOTC78] J. Hotchkiss: The roles of in-circuit and functional board testing in the manufactoring
process. Proceedings of the IEEE Semiconductor Test Conference, Cherry Hill, Okt.
1978

[HÖRB87] E. Hörbst, C. Müller-Schloer und H. Schwärtzel: Design of VLSI Circuits; Based on
VENUS. Springer-Verlag, Berlin 1987

[HÜTT86] N. Hütter und M. Meyer: Kopplung der Harwarebeschreibungssprachen DSL und
CAP/DSDL. Interner Bericht der Universität/GH Paderborn, August 1986

[IBAR75] O.H. Ibarra und S.K. Sahni: Polynomially complete fault detection problems. IEEE
Transactions on Computers, c-24, 1975

[JAIN83] S.K. Jain: Friendly User Version of Automated Design Audits. Bell Laboratories, März
1983

[KAST82] U. Kastens, B. Hutt und E. Zimmermann: GAG: A Practical Compiler Generator.
Lecture Notes in Computer Science, Band 141, Springer-Verlag, 1982

[KAST85] U. Kastens, B. Hutt und E. Zimmermann: User Manual for the GAG-System. Institut
für Informatik, Universität Karlsruhe, Oktober 1985

[KEIN77] W.L. Keiner und R.P. West: Testability measures. Proceedings of IEEE Autotestcon,
1977

[KLAU79] G. Klaus und H. Liebscher: Wörterbuch der Kybernetik. Fischer, Frankfurt a. M.,
1979

[KLEI86] H. Kleine Büning und S. Schmitgen: Prolog. Teubner Verlag Stuttgart, 1986

[KOBA68] A. Kobayashi, S. Matsue und H. Shiba: Flipflop circuit with FLT (fault-location-
technique) capability. Pro. IECEO Conference 1968

[KOEN79] B. Koenemann, J. Mucha und G. Zwiehoff: Built-in logic block observation techniques.
Test Conference, Cherry Hill, 1979

[KOVI79] P.G. Kovijanic: Testability analysis. Proceedings of the IEEE Test Conference, Cherry
Hill, 1979

[LEBL84] J.J. LeBlanc: LOCST: a built-in self-test technique. IEEE & Test of Computers, 1984

119

[LENG84] T. Lengauer und K. Melhorn: The HILL System: A Design Environment for the Hierarchical Specification, Compaction and Simulation of Integrated Circuit Layouts. Proceedings MIT, Conference on Advanced Research in VLSI (P. Penfield Jr ed.), Artech House Company, 1984

[LIPS86] R. Lipsett, E. Marschner und M. Shaldad: VHDL-The Language. IEEE Design and Test of Computers, April 1986

[LOSQ76] J. Losq: Referenceless random testing. 6th International Symposium on Fault-Tolerant Computing, Pittsburgh, 1976

[MAET82] N. Maeter und H. Scholten: COPE Benutzerhandbuch. Lehrstuhl für Informatik IV, Universität Dortmund, 1982

[MANO85] T. Mano et al.: OCCAM to CMOS, Experimental Logic Design Support System. Computer Hardware Description Languages and their Applications, North-Holland, IFIP, 1985

[MAR84a] F. Maruyama et al.: Logic Design: Issues in Building Knowledge-Based Design-Systems. ICOT, Research Center, Technical Report, Dec. 1984

[MAR84b] F. Maruyama et al.: PROLOG-based Expert System for Logic Design. ICOT, Research Center, Technical Report, April 1984

[MARW84] P. Marwedel: The MIMOLA Design System: Tools for the Design of Digital Processors. Proceedings of the 21st Design Automation Conference, Albuquerque, 1984

[MAXI84] R. A. Maxion und D. E. Morgan: The application of artificial intelligence techniques to reliable and fault-tolerant computing. Fault-tolerant computing symposium, Florida, USA, Juni 1984

[MERT83] P. Mertens und K. Allgeyer: Künstliche Intelligenz in der Betriebswirtschaft. Zeitschrift für Betriebswirtschaft, Band 53, Heft 7, 1983, pp 686-709

[MINS75] M. Minsky: A Framework for Representing Knowledge. in the Psychology of Computer Vision, (P.H. Winston ed.), McGraw-Hill, New York, 1975

[MORG85] H.G. Morgenbrod: Wissensbasierte Validierung der Entwurfsqualität informationstechnischer Systeme. Dissertation der Johannes Kepler Universität Linz, VWGÖ, Wien, 1985

[MULL84] R. Mullis: An expert system for VLSI tester diagnosis. Proceedings of the IEEE International Test Conference, Philadelphia, Okt. 1984

[MYER83] M.A. Myers: An analysis of the cost and quality impact of LSI/VLSI technology on PCB test strategies. Proceedings of the IEEE International Test Conference, Philadelphia, 1983

[NOYC77] R.N. Noyce: Microelectronics. Scientific American, 1977

[PANY83] J. Panyr und E. Lehman: Entwicklungsperspektiven zukünftiger Informationssysteme. aus Mediendokumentation 5, M. Englert (Hrsg.), Saur, München, 1983

[PARK81] A. Parker und J. Wallace: SLIDE, an I/O Hardware Description Language. IEEE Transactions on Computers, Vol. C-30, 1981

[PATZ82] G. Patzak: Systemtechnik: Planung komplexer innovativer Systeme. Springer Verlag, Berlin, 1982

[PILO83] R. Piloty et al.: CONLAN Report. Lecture Notes in Computer Science, Band 151, Springer, 1983

[RAMM81] F.J. Rammig: Preliminary CAP/DSDL Language Reference Manual. Forschungsbericht 129 der Abteilung Informatik der Universität Dortmund, 1981

[RAMM83] F.J. Rammig: CAP-Anwendungsbeschreibung. Interner Bericht, Universität Dortmund, 1983

[RAUL82] P. Raulefs: Methoden der künstlichen Intelligenz. aus: Übersicht und Anwendungen in Expertensystemen, J. Nehmer (Hrsg.), Proceedings GI-12. Jahrestagung, Springer, Berlin, 1982

[SAUE82] C. Sauer und E. McNair: The Research Queuing Package. Proceedings of National Computer Conference, Band 51, Houston, 1982

[SAVI79] J. Savir: Syndrome-testable design of combinational circuits. 9th International Symposium on Fault-Tolerant Computing, Madison, 1979

[SIMO87] H. Simonis und M. Dincbas: Using an Extended Prolog for Digital Circuit Design. International Workshop on AI-Applications to CAD-systems for Electronics, München, 1987

[SON 85] K. Son: Rule based Testability Checker and Test Generator. Proceedings of the IEEE International Test Conference, Philadelphia, 1985

[SPEC88] E. Speckenmeyer: On Feedback Problem in Digraphs. Interner Bericht, Universität Dortmund, Nr. 264, 1988

[STEP76] J.E. Stephenson und J. Grason: A Testability Measure for Register Transfer Level Digital Circuits. Proceedings of the 6th International Symposium on Fault-Tolerant Computing, Pittsburgh, 1976

[STEW77] J.H. Stewart: Future testing of large LSI circuit cards. Proceedings of the IEEE Semiconductor Test Symposium, Cherry Hill, 1977

[TAKA84] S. Takagi: Rule Based Synthesis, Verification and Compensation of Data Paths. IEEE International Conference on Computer Design/VLSI in Computers, 1984

[TAKE81] A. Takeuchi: Object Oriented Description Environment for Computer Hardware. Proceedings of the IFIP International Conference on CHDL and their Applications, Kaiserslautern, 1981

[TSUI82] F.F. Tsui: In-situ testability design (ISTD) - a new approach for testing high-speed LSI/VLSI logic. Proceedings of IEEE, 1982

[TSUI85] F.F. Tsui: Self-sufficient random-pattern tests (SSRPT). IBM Technical Disclosure Bulletin, 1985; auch in Proceedings ATE, Wiesbaden, 1985

[UEHA85] T. Uehara: A Knowledge-Based Logic Design System. IEEE Design and Test, Okt. 1985

[WILK84] A.J. Wilkson: A method for test system diagnosis based on the principles of artificial intelligence. Proceedings of the IEEE International Test Conference, Philadelphia, Juni 1984

[WILL82] T.W. Williams und K.P. Parker: Design for Testability - a survey. IEEE Transactions on Computers, 1982

[WOOD79] R.A. Wood: A high density programmable logic array chip. IEEE Transactions on Computers, 1979

[YAJI78] S. Yajima, H. Eiki und K. Inagaki: Autonomous testing of faults in logic circuits. Technical Report on Electronic Computers EC, Inst. of Elec. Comm. Eng. of Japan, 1978

[ZADE83] L. Zadeh: Commonsense Knowledge Representation Based on Fuzzy Logic. Computer, Okt. 1983

Abkürzungsverzeichnis

ako	a kind of
Attribut_ID	Bezeichner des zu einem Signal gehörenden Attributs
cis	clock input set
DAG	Directed Acyclic Graph
DFT	Design For Testability
Dft-type	Typ des Knotens
IDR	Input-Descriptor-Relation
in	Indexmenge
LPI	Loop Primary Input
LPO	Loop Primary Output
MN	Memory Node
NMN	Non Memory Node
Node_ID	Knoten-Bezeichner
ODSS	Output Descriptor Signal Set
PI	Primary Input
pis	primary input set
pos	primary output set
Signal_ID	Signal-Bezeichner
sis	select input set
ss	signal set
Term_ID	Terminal-Bezeichner
Term_ref	Terminalreferenz
tis	test input set
tos	test output set

Stichwortverzeichnis

Anhang A

Beispielhafter Ablauf einer Konsultation

Die in der folgenden Darstellung behandelte Konsultation überführt die natürlichsprachlich formulierte DFT-Regel Nr. 2 aus dem Kapitel 10.6.3.2 durch geeignete Fragestellungen in die entsprechende DFT-Kalkül-Regel:

Takt- und Dateneingänge speichernder Schaltelemente dürfen nicht mit denselben primären Takteingängen beschaltet sein.

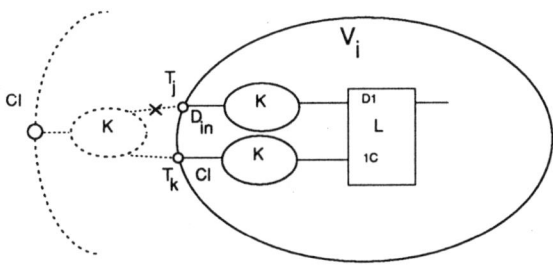

Abbildung A.1: Graphische Darstellung der Regelverletzung

$$\Downarrow \qquad Transformation \quad durch \quad Dialog$$

IF 'MN' $\sim$ **dft_type**
$\qquad$ **THEN for_all Tk** $\sim$ **cis**
$\qquad\qquad$ **for_all Tj** $\sim$ **idr[Tk,1]**
$\qquad$ **TEST not exists P** $\sim$ **ss(Tj) \$ pcis \$ { S | S** $\sim$ **ss(Tk) \$ pcis**
$\qquad\qquad\qquad\qquad\qquad$ **and S.in = {} } : P.in = {}**

Anhand eines beispielhaften Dialogs für die oben angeführte Transformation sollen nun die für den Benutzer nicht sichtbaren Mechanismen beschrieben werden. Enthalten sind diese im Regelwerk und in den Wertebereichsdefinitionen.

Die im Regelwerk enthaltene Verkettung von Regeln und die damit bedingte Ableitung von Attributen stellen die grundlegenden Ablaufsteuerungen der gesamten Konsultation dar.

Daneben besteht im Regelwerk die Möglichkeit, Benutzeranfragen zu unterdrücken. Fragen an den Benutzer des Systems werden gestellt, wenn für das aktuell abzuleitende Objekt-Attribut Paar keine Regel gefunden werden konnte. Ergibt die Auswertung der entsprechenden Wertebereichsdefinition die Existenz von nur genau einer möglichen Antwort, so kann innerhalb des Regelwerks ein Mechanismus eingebaut werden, der in diesem Fall den einzig gültigen Wert direkt als abgeleiteten Wert übernimmt. Eine Anfrage an den Benutzer wird dadurch unterdrückt. Ein eventuell in einem dafür vordefinierten Prädikat abgelegter Ausgabetext wird beim Überspringen der Frage angezeigt.

Neben dem Regelwerk enthalten die Wertebereichsdefinitionen Mechanismen bezüglich der Ablaufsteuerung. Für jedes Objekt-Attribut Paar, das durch eine Benutzeranfrage abgeleitet werden soll, muß eine solche Definition existieren. Neben der rein statischen Angabe von möglichen Antworten kann hier in Abhängigkeit von bereits abgeleiteten Attributen der aktuell gültige Wertebereich angegeben werden. Daneben ist auch der Zugriff auf die im bereits zusammengestellten DFT-Text (Prädikat 'text') enthaltenen Informationen denkbar.

Am Beispiel der oben aufgeführten Transformation sollen nun diese bisher allgemein beschriebenen Mechanismen konkret aufgezeigt werden:

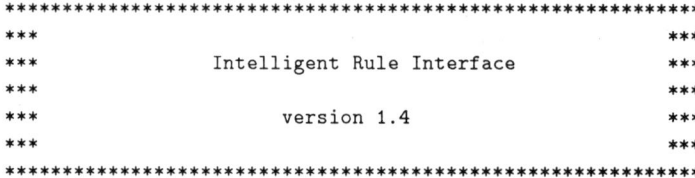

```
****************************************************************
***                                                        ***
***                 Intelligent Rule Interface             ***
***                                                        ***
***                      version 1.4                       ***
***                                                        ***
****************************************************************


     Das vorliegende Expertensystem soll dem Benutzer als Hilfs-
     mittel dienen, seine abstrakt erdachten DFT-Regeln in eine
     dem Regelueberpruefer verstaendliche Form zu ueberfuehren.
     Das Ergebnis einer Konsultation ist eine im DFT-Kalkuel
     formulierte DFT-Regel.
     Durch Beantwortung der folgenden Fragen hat der Benutzter
     die Moeglichkeit, die Situation, in der die DFT-Regel ein-
     gehalten wird, zu beschreiben.
     Alle hier generierten Regeln im DFT-Kalkuel haben eine feste
     und einheitliche Form: sie gliedern sich in einen IF-, THEN-
     und TEST-Teil.
     Ausgehend von dieser groben Gliederung werden dem Benutzer
     im sich anschliessenden Dialog verschiedene Bausteine zur
     Verfuegung gestellt, um eine sinnvolle Transformation seiner
     erdachten Regeln in das DFT-Kalkuel zu gewaehrleisten.

     Ueber die Handhabung des Expertensystems und ueber den Auf-
     ruf der verschiedenen Hilfestellungen (Tools) koennen Sie
     sich jederzeit durch Eingabe von '???' informieren.

     Zu Beginn erfolgt die Behandlung des IF-Teils der Regel:

Frage Nummer  1 : Bitte geben Sie den Schaltelement-Typ an, fuer die
                  neue DFT-Regel definiert werden soll: mn

     Betrachtung des THEN-Parts:
```

Im folgenden soll nun die Beschaltung des MN-Schaltele-
mentes naeher spezifiziert werden.
Fuer die Beschaltung werden die an den Input-Terminals
anliegenden Informationen und deren Beziehungen zueinander
benoetigt.
Welche Typen von Input-Terminals an der einzuhaltenden
Beschaltung beteiligt sind, muessen im THEN-Teil voll-
staendig spezifiziert werden.
Jedes in dem TEST-Teil der Regel verwendete Input-Terminal
gehoert genau einer Terminalart an. Es existieren 2 Moeglichkeiten, ein neues zu definierendes Input-Terminal an
eine Terminalart zu binden:

1) direkte Anbindung
2) indirekte Anbindung

Frage Nummer 2 : Bitte waehlen Sie hier die Terminalart fuer
das 1. direkt spezifizierte Input-Terminal aus: cis

Nach Angabe der Terminalart muss dem neuen Input-Terminal
jetzt ein eindeutiger Bezeichner (Identifier) zugewiesen
werden. Grundsaetzlich ist jeder String ein gueltiger Bezeichner. Beachten Sie jedoch bitte, dass Reservierungen
fuer Schluesselwoerter (keywords) eine gewisse Einschraenkung darstellen. Auch duerfen Bezeichner nicht mehr als
einmal verwendet werden.

Frage Nummer 3 : Geben Sie nun dem 1. Input-Terminal (vom Typ cis)
einen eindeutigen Namen: Tk

Frage Nummer 4 : Sie haben bereits ein Input-Terminal spezifiziert.
Benoetigen Sie fuer die neue Regel ein weiteres direkt
spezifiziertes Input-Terminal? nein

Nach den direkten Anbindungen koennen Sie nun die indi-
rekten auswaehlen.

IDR-Beziehungen bestehen zwischen zwei Typen von Input-
Terminals.
Falls Sie fuer die Beschreibung Ihrer speziellen Beschal-
tung solche ueber IDR-Beziehungen zu erreichenden Input-
Terminals benoetigen, haben Sie nun die Moeglichkeit,
diese auszuwaehlen.

Frage Nummer 5 : Benoetigen Sie zur Definition Ihrer DFT-Regel indirekte
Anbindungen von Input-Terminals? ja

Durch die alleinige Definition von 'Tk' entfaellt
die Auswahl eines Input-Terminals fuer die IDR-Beziehung.

Waehlen Sie nun eine IDR-Beziehung aus. Durch die vorraus-
gegangene Festlegung der Input-Terminalart bedingt, kann

es durchaus vorkommen, dass noch keine IDR-Beziehung fuer
diesen Fall bekannt ist.

Frage Nummer 6 : Waehlen Sie jetzt bitte die gewuenschte IDR-Beziehung
aus: 1

Frage Nummer 7 : Durch die IDR-Beziehung '1' wurde ein neues Terminal
vom Typ 'pis' definiert. Bitte geben Sie dem neuen
einen eindeutigen Namen: Tj

Frage Nummer 8 : Wollen Sie weitere indirekte Anbindungen von Input-
Terminals auswaehlen? nein

Betrachtung des TEST-Parts:

Grundsaetzlich werden alle in der Grammatik moeglichen
Kombinationen zur Erstellung des TEST-Teils zugelassen.
In dieser Anwendung gestaltet sich der Dialog als ein
reiner Syntaxeditor, erweitert durch die von der Experten-
systemshell zur Verfuegung gestellten Hilfsmittel. Anders
gesagt: kein Ast des Entscheidungsbaums wird beschnitten.

Auf einer anderen Ebene wird dieser Entscheidungsbaum jedoch durch einige heuristische Einschraenkungen gestutzt.
Bestimmte Teile des TEST-Teils werden bei Angabe aller
notwendigen Informationen automatisch generiert.

Achtung: Nicht alle denkbaren Regeln koennen bei diesem
heuristischen Modus z.Zt. gebildet werden !

Frage Nummer 9 : Bitte waehlen Sie nun einen Modus aus: heuristic mode

Die Formulierung des TEST-Teils einer DFT-Regel stellt die
einzuhaltende Beschaltung eines Schaltelementes dar. Bis-
lang wurde der Typ der Schaltelemente, an denen die Beschaltung ueberprueft werden soll, und die daran beteiligten Input-Terminals, festgelegt. Die einzuhaltende Beschaltung verbietet gewisse Pfadkonstellationen. Diese
Pfade koennen von einem oder mehreren Pfadtypen sein.
Welche Pfadtypen in Ihrer DFT-Regel betrachtet werden,
wurde bereits durch Auswahl der Klassen von Input-Terminals bestimmt.
Durch Beantwortung der folgenden Frage legen Sie fest, ob
Ihre Bedingung, falls die Pfadtypen vermischt werden,
einzuhalten ist. Eine zustimmende Beantwortung vermeidet
so im folgenden eine Vermischung verschiedener Pfadtypen.

Frage Nummer 10 : Werden nur Pfade eines Typs betrachtet? nein

Pfade verlaufen immer von primaeren Eingaengen zu bereits
definierten Input-Terminals. Die primaeren Eingaenge bilden
die Pfadurspruenge. Welcher Typ von primaeren Eingaengen
fuer die Beschreibung der einzuhaltenden Beschaltung von

129

Interesse ist, koennen Sie durch die Beantwortung der folgenden Frage auswaehlen.

Frage Nummer 11 : Bestimmen Sie einen primaeren Eingangstyp: pcis

Sie betrachten z.Zt. Pfade, ausgehend von 'pcis'-Knoten. Diese bilden die Pfadurspruenge. Nach dieser Festlegung muessen
die Input-Terminals des betrachteten Knotens ausgewaehlt werden, die mit den primaeren Eingangsknoten ueber die zu analysierenden Pfade verbunden sind.

Frage Nummer 12 : Geben Sie nun bitte ein damit in Verbindung stehendes
Input-Terminal an: ?

HELP   Frage Nr. 12 ist beantwortbar mit:
HELP
HELP   - Tk /* cis , Input-Terminal */
HELP   - Tj /* pis , Input-Terminal */

Frage Nummer 12 : Geben Sie nun bitte ein damit in Verbindung stehendes
Input-Terminal an: Tj

Durch Beantwortung der folgenden Frage haben Sie die Moeglichkeit, weitere fuer die Beschreibung der einzuhaltenden
Beschaltung benoetigte Pfade zu selektieren.

Frage Nummer 13 : Sollen weitere Terminals in den Pfad eingebunden werden? nein

Zur Zeit betrachten Sie Pfade, ausgehend von Knoten
aus der Menge 'pcis' zu den Input-Terminals:
  - Tj

Im folgenden haben Sie die Moeglichkeit, die fuer Ihre
einzuhaltende Beschaltung relevanten Pfade einzuschraenken.
Dazu stehen Ihnen folgende Moeglichkeiten zur Verfuegung:
- 1: ein Takteingang haengt direkt von demselben primaeren
     Takteingang ab wie das bereits spezifizierte Input-
     Terminal;
- 2: ein Pfad zu einem Eingang des betrachteten Knotens
     wird von demselben primaeren Takteingang beein-
     flusst, der den bereits spezifizierten Takteingang
     direkt kontrolliert;
- 3: keine weitere Einschraenkung;

Frage Nummer 14 : Waehlen Sie bitte die gewuensche Einschraenkung: 1

Die von Ihnen selektierten Pfade muessen einen eindeutigen Namen erhalten.

Frage Nummer 15 : Bitte geben Sie den Pfaden einen Namen: S

Die Urspruenge der von Ihnen spezifizierten Pfade liegen in
'pcis'-Knotenmenge. Nach ihrer Selektion ist nun die

Bedingung, welche einzuhalten ist, durch Eingabe eines
Booleschen Ausdrucks auszuwaehlen.

Frage Nummer 16 : Waehlen Sie bitte die gewuensche Einschraenkung: ?

      HELP   Frage Nr. 16 ist beantwortbar mit:
      HELP
      HELP   - Anzahl der Pfade, panz
      HELP   - Anzahl der Pfadurspruenge, apfur
      HELP   - Angaben ueber die Existenz, exist, ex
      HELP   - Angaben ueber die Nicht-Existenz, not exist, nex, <return>

Frage Nummer 16 : Waehlen Sie bitte die gewuensche Einschraenkung: nex

Die Pfade, die Ihre formulierten Einschraenkungen einhalten bzw. nicht einhalten sollen, muessen einen eindeutigen Namen erhalten.

Frage Nummer 17 : Bitte geben Sie den Pfaden einen Namen: P

Nach Festlegung der regelrelevanten Pfade und der Auswahl
der einzuhaltenden Bedingungen haben Sie jetzt die Moeglichkeit, zusaetzliche Einschraenkungen zu spezifizieren.
Es besteht durch Eingabe von 'true' auch die Moeglichkeit, auf weitere einschraenkende Bedingungen zu verzichten.

Grundsaetzlich ist auch die Angabe mehrerer Bedingungen zu-
laessig. In diesem Fall muss auch der verbindende Boolesche
Operator angegeben werden.
Beachten Sie bitte, dass Sie hier auch in den Syntax-Modus
ueberwechseln koennen.

Frage Nummer 18 : Waehlen Sie bitte eine Bedingung aus: wirksam

Frage Nummer 19 : Wollen Sie weitere Bedingungen angeben? nein

Prinzipiell kann die Fertigstellung des TEST-Parts als
abgeschlossen angesehen werden. Sie haben jedoch nun die
Moeglichkeit, auf aeusserster Ebene (bezueglich des TEST-
Teils) durch Verknuepfung mit einem Booleschen Operator
weitere Spezifikation anzugeben.

Frage Nummer 20 : Wuenschen Sie weitere Spezifikation vorzunehmen? nein

```
******************************************************************************

IF
      'MN' ~ dft_type
THEN
      for_all Tk ~ cis
      for_all Tj ~ idr[Tk,1]
TEST
      not exists P ~ ss(Tj) $ pcis $ { S | S ~ ss(Tk) $ pcis and S.in = {} } :
```

```
      P.in = {};
```

****

Nach der vollendeten Erstellung der neuen DFT-Regel besteht
die Moeglichkeit einer Sicherung in einer externen Datei.
Ueber diese Datei kann dann der Rule Checker auf die neue
Regel zugreifen.

Frage Nummer 21 : Wuenschen Sie eine Sicherung? ja

Standardmaessig greift der Rule Checker immer auf das File
EXT.check_rules zurueck. Zur Abspeicherung kann aber auch
jeder andere Filename angegeben werden.

Frage Nummer 22 : Bitte geben Sie einen Dateinamen an:

Nach dem Aufruf des Systems gelangt der Ableitungsfluß durch den Aufruf der Startregel und nach Aktivierung der für den IF-Teil der DFT-Regel zuständigen Ableitungsregel zur ersten Benutzeranfrage. In der Wertebereichsdefinition für den geforderten Schaltelement-Typ werden statisch fünf verschiedene Möglichkeiten aufgeführt. Im konkreten Beispiel wird als Antwort 'mn' eingegeben, d.h., es handelt sich um ein speicherndes Schaltelement (*memory node*). Abhängig von dieser Antwort wird jetzt der IF-Teil der neuen DFT-Regel gestaltet. Die Bearbeitung des IF-Teils der DFT-Regel ist damit abgeschlossen.

Von der Startregel aus wird nun die Ableitung des THEN-Teils aktiviert. In Abhängigkeit von dem gewählten Schaltelement-Typ wird die zutreffende Regel aufgerufen; im weiteren führt dies zum Anstoß der Regel zur Herleitung der Input-Terminals. Dabei wird dem Anwender zuerst die Möglichkeit einer direkten Definition gegeben. Anschließend können dann noch indirekt über die IDR-Beziehungen neue Input-Terminals bestimmt werden. Bedingt durch die Wahl von 'mn' als Schaltelement-Typ ist die Definition von mindestens einem Input-Terminal vorgeschrieben. Dieses kann zuerst einmal nur durch eine direkte Definition geschehen, da IDR-Beziehungen immer mit einem bereits zuvor im Dialog bestimmten Input-Terminal korrespondieren.

In Frage 2 der Konsultation wird nach dem Typ des direkt definierten Input-Terminals gefragt. Die Wahl von '*cis*' identifiziert das in der anschließenden Frage mit '*Tk*' identifizierte Input-Terminal als Takteingang. Die Wertebereichsdefinition der Anfrage bezüglich des Terminal-Typs erlaubt die Eingabe von '*cis*', da das zuvor im IF-Teil definierte Schaltelement speichernd ist. Falls beispielsweise stattdessen ein nicht-speicherndes Schaltelement (*non memory node*) vom Benutzer gewünscht wurde, so hätte dies die Nichtexistenz von Takteingängen impliziert. '*cis*' wäre dann als Input-Terminal-Typ nicht wählbar gewesen.

Auch die Eingabe des Identifiers in Frage 3 ist dialogabhängig. Gültig sind grundsätzlich alle zusammenhängenden Strings, die aus Ziffern, Buchstaben (Groß- oder Kleinschreibung) bzw. dem Underscore-Zeichen bestehen. Das erste String-Zeichen darf jedoch keine Ziffer sein. Doppelbelegungen werden ausgeschlossen, indem in der Wertebereichsdefinition nachgeschaut wird, ob sich im bisher erstellten DFT-Regel-Text eventuell eine Input-Terminal Definition befindet, die denselben Identifier benutzt. Frage 4 wird im konkreten Beispiel mit '*nein*' beantwortet, da keine weiteren direkten Input-Terminal-Definitionen nötig sind. Durch eine zustimmende Antwort auf Frage 5 wird der Ableitungsfluß innerhalb des Regelwerks zur Behandlung indirekt definierter Input-Terminals gelenkt.

Für die Bestimmung eines neuen Input-Terminals muß zuerst ein bereits definiertes Input-Terminal ausgewählt werden, bevor dann über die Auswahl einer IDR-Beziehung der Typ des neuen Terminals festgelegt wird. Im Regelwerk wird für die Auswahl des bereits bekannten Input-Terminals von der Möglichkeit Gebrauch gemacht, bei Vorhandensein nur einer einzigen gültigen Antwort diese sofort, d.h. ohne Benutzeranfrage, zu übernehmen. Da bisher nur 'Tk' als Terminal bekannt ist, wird in der Konsultation die entsprechende Frage übersprungen. Stattdessen erscheint ein diesbezüglicher Hinweistext. Die Festlegung der IDR-Beziehung geschieht durch Beantwortung der Frage 6. Dabei werden nur solche IDR-Beziehungen zugelassen, die durch den Typ des zuvor ausgewählten Input-Terminals möglich sind. Im vorliegenden Fall existieren drei verschiedene gültige Beziehungen. Auch bei Vorhandensein nur eines Wertes (d.h., es existiert nur eine sinnvolle IDR-Beziehung für den konkreten Fall) würde die Benutzeranfrage nicht unterdrückt. Ein automatischer Übernahmemechanismus erscheint hier nicht sinnvoll, da über das jederzeit durch die Eingabe von 'idr' zu aktivierende Menü auch eine Hinzunahme einer neuen IDR-Beziehung vorgenommen werden kann. Auch eine Auflistung aller definierten IDR-Beziehungen kann über dieses IDR-Menü vorgenommen werden.

Mit der Auswahl der IDR-Beziehung '1' wird gleichzeitig der Typ des neuen Input-Terminals festgelegt. Frage 7 verlangt jetzt nach einem eindeutigen Identifier für dieses Terminal. Der gültige Wertebereich ist nun weiter eingeschränkt, da 'Tk' ein schon belegter Identifier ist und deswegen nicht nochmals gewählt werden darf. Als Eingabe erfolgt hier 'Tj'.

Weitere Input-Terminals werden in der weiteren DFT-Regel nicht benötigt. Die Anfrage nach weiteren Definitionen über IDR-Beziehungen kann daher in Frage 8 abschlägig beantwortet werden. Der Verarbeitungsfluß gelangt nun über die Startregel zur Verarbeitung des TEST-Teils der neuen DFT-Regel.

Zum THEN-Teil ist noch anzumerken, daß seine Bestimmung nur bei Kenntnis der Bedeutung und Notwendigkeit der IDR-Beziehungen möglich ist. Außerdem muß der Benutzer wissen, welche Input-Terminals welchen Typs für den weiteren Dialog zur Festlegung des TEST-Teils notwendig sind.

Zu Beginn der Bearbeitung des TEST-Teils der DFT-Regel wird angefragt, ob im weiteren Dialogverlauf ein syntaxorientierter oder eher nach heuristischen Mechanismen ausgerichteter Konsultationsmodus gewünscht wird. Der syntaxorientierte Modus gestaltet den weiteren Dialogverlauf als reinen Syntaxeditor. Normalerweise wird an dieser Stelle der heuristische Modus bevorzugt, da dieser in der schon vom IF- und THEN-Teil gewohnten Weise einen den Anwender unterstützenden Dialog gewährleistet. Der syntaxorientierte Modus wird nur deswegen beibehalten, weil in der vorliegenden Ausbaustufe nicht alle syntaktisch korrekten Regeln über den heuristischen Modus erzeugt werden können. Da die hier behandelte Regel jedoch durch den heuristischen Modus generiert werden kann, wird die Frage mit 'heuristic mode' beantwortet, was einen Einstieg in den gewünschten Modus zur Folge hat.

Der nun folgende Dialog für den TEST-Teil untergliedert sich in die für die DFT-Regel notwendige Pfadbestimmung und dessen primäre Eigenschaft. Anschließend können dann noch Bedingungen formuliert werden, die sich auf den zuvor festgelegten Signalpfad beziehen.

Regel_2 erfordert die Definition eines Signalpfads zwischen den Signalmengen der zuvor festgelegten Input-Terminals 'Tk' bzw. 'Tj' und der primären Taktmenge 'pcis'. Diese Beziehung zu den primären Takteingängen wird durch Einbindung der 'pcis'-Menge in den Signalpfad erreicht. Die erste Frage bezüglich des Signalpfads (Frage 10) versucht herauszufinden, ob der Pfad nur zwischen Terminals bzw. Terminalmengen gleichen Typs verläuft. Im konkreten Beispiel enthält der Signalpfad jedoch sowohl die Signalmengen von einem cis-Terminal ('Tk') als auch von einem pis-Terminal ('Tj'). Frage 10 wird daher verneint.

Die Einbindung der primären Takteingänge wird durch Angabe von 'pcis' in der anschließenden Frage erreicht. Zur Bestimmung der weiteren Signalmengen müssen nun die Input-Terminals angegeben werden. Frage 12 läßt die Auswahl zwischen den bekannten beiden Input-Terminals zu. Durch Angabe des Input-Terminals 'Tj' wird jetzt dessen Signalmenge bezüglich der primären Taktmenge betrachtet. Frage 13 wird mit 'nein' beantwortet, da die Signalmenge von 'Tk' nicht direkt in den aktuellen Signalpfad eingebunden werden soll. Stattdessen wird über die Auswahl in dem nun folgenden Konsulationspunkt gefordert, daß der am Input-Terminal 'Tk' anliegende Takt wirksam ist. Das Konstrukt

$$\{ \; S \mid S \sim ss(Tk) \; \$ \; pcis \; and \; S.in = \{\} \; \}$$

drückt diesen Sachverhalt aus, wobei jedoch nur die Wirksamkeit der primären Takteingänge am Input-Terminal vom Typ 'cis' überprüft wird. Im konkreten Beispiel entfällt die Frage nach diesem Input-Terminal, da nur 'Tk' vom Typ 'cis' ist. Der beliebig zu wählende Signalname (im Beispiel 'S') wird durch Beantwortung der Frage 15 abgeleitet.

Nach der vollständigen Spezifizierung des Signalpfads wird nun in Frage 16 angefordert, unter welchem Gesichtspunkt der angegebene Pfad bezüglich der noch im weiteren Dialog anzugebenden Bedingungen betrachtet werden soll. Da Regel_2 die Nicht-Existenz einer auf diesen Pfad bezogenen Aussage betrachtet, wird bei Frage 16 eine dementsprechende Antwort gegeben. Ein gültiger Signalname bezüglich des gesamten spezifizierten Pfades wird anschließend erfragt. Wieder wird durch die Wertebereichsdefinition eine nochmalige Verwendung bereits benutzter Identifier verhindert.

Bis jetzt wurden im TEST-Teil die beteiligten Terminals ('Takt- und Dateneingänge', 'primäre Takteingänge'), deren Beziehungen untereinander und die Nicht-Existenz ('dürfen nicht') einer Aussage erfragt. Nur die eigentliche Aussage, nämlich die Tatsache, daß an 'Tk' und 'Tj' nicht derselbe Takt wirksam (d.h., daß der Pfad nicht über ein speicherndes Schaltelement verläuft) sein darf, wurde noch nicht erfragt. In Frage 18 kann eine dementsprechende Auswahl getroffen werden. In der erzeugten DFT-Regel wird daraufhin ein Test auf das Nichtvorhandensein eines Elementes in der Indexmenge des zuvor definierten Pfades generiert. Der dafür notwendige Pfadname wird durch Zugriff auf die Antwort von Frage 17 ('P') gewonnen.

Bei zustimmender Beantwortung von Frage 19 wäre die Festlegung einer mit Booleschen Operanden verknüpften Zusatzaussage möglich, die sich auf dieselbe Pfadbeschreibung bezieht. Bei der hier verwendeten Transformation von Regel_2 ist jedoch nur eine Aussage zu definieren.

Durch Frage 20 besteht hingegen die Möglichkeit, auf der äußersten Ebene des TEST-Teils durch eine Boolesche Verknüpfung weitere Spezifikationen anzugeben.

Nach Beantwortung der letzten Frage ist der eigentliche Dialog zur Erstellung der DFT-Regel abgeschlossen. Automatisch wird der fertige Regeltext angezeigt. Die beiden Fragen 21 oder 22 behandeln noch die Möglichkeit einer Sicherung der neu erstellten DFT-Regel.

Während dieser Konsultation wurden insgesamt die folgenden 54 Fakten abgeleitet:

```
fact('DFT-Rule',1,all,deduced).
fact('BIBLIOTHEK',1,all,deduced).
fact('BIBLIOTHEK',1,'make save',deduced).
fact('BIBLIOTHEK',1,file,regel).
fact('BIBLIOTHEK',1,save,yes).
fact('TEST-Part',1,all,deduced).
fact('TEST-Part',1,'complete TEST-Part',deduced).
fact('TEST-Part',1,'TEST-Part repeat',deduced).
fact('TEST-Part',1,'TEST-Part again',no).
fact('TEST-Part',1,'use signal path',deduced).
fact('TEST-Part',1,'condition end',deduced).
fact('TEST-Part',1,'condition submode',deduced).
```

```
fact('TEST-Part',1,'condition submode',deduced).
fact('TEST-Part',1,'more conditions',deduced).
fact('TEST-Part',1,'repeat condition',no).
fact('TEST-Part',1,condition,deduced).
fact('TEST-Part',1,'ask condition submode',direct).
fact('TEST-Part',1,'signalpath construction',deduced).
fact('TEST-Part',1,'signal name','P').
fact('TEST-Part',1,'condition mainmode','not exist').
fact('TEST-Part',1,'more $',deduced).
fact('TEST-Part',1,'terminal of cwc',path(_1812,_1816,'Tk')).
fact('TEST-Part',1,'signalname of cwc','S').
fact('TEST-Part',1,'more $ mode',cwc).
fact('TEST-Part',1,'signal path',deduced).
fact('TEST-Part',1,'all input terminals',deduced).
fact('TEST-Part',1,'more terminals repeat',deduced).
fact('TEST-Part',1,'ask more terminals',deduced).
fact('TEST-Part',1,'more terminals',no).
fact('TEST-Part',1,'select input terminal',deduced).
fact('TEST-Part',1,'input terminal',path(1,pcis,'Tj')).
fact('TEST-Part',1,'select primary input',deduced).
fact('TEST-Part',1,'primary input',pcis).
fact('TEST-Part',1,'ask simple path',deduced).
fact('TEST-Part',1,'simple path',no).
fact('TEST-Part',1,'main mode','heuristic mode').
fact('THEN-Part',1,all,deduced).
fact('THEN-Part',1,'IDR TYPES',deduced).
fact('THEN-Part',1,'IDR types',deduced).
fact('THEN-Part',2,'IDR TYPES',deduced).
fact('THEN-Part',2,'IDR types',deduced).
fact('THEN-Part',2,'IDR used',no).
fact('THEN-Part',1,'IDR terminal 2','Tj').
fact('THEN-Part',1,'IDR TYPE',1).
fact('THEN-Part',1,'IDR terminal 1st','Tk').
fact('THEN-Part',1,'IDR terminal 1','Tk').
fact('THEN-Part',1,'IDR used',yes).
fact('THEN-Part',1,terminals,deduced).
fact('THEN-Part',1,'terminals repeat',deduced).
fact('THEN-Part',1,'terminals again',no).
fact('THEN-Part',1,'TERMINAL',deduced).
fact('THEN-Part',1,identifier,'Tk').
fact('THEN-Part',1,'terminal type',cis).
fact('IF-Part',1,all,deduced).
fact('IF-Part',1,'print all',deduced).
fact('IF-Part',1,'control element','MN').
```

Nachfolgend werden die durch den Aufruf des '*dft_text*'-Prädikats definierten Fakten (vgl. 10.5.3.5) für obiges Beispiel aufgelistet:

```
text('IF-Part',text('IF-Part begin'),'IF').
text('IF-Part',text(nl),nl).
text('IF-Part',text,'     \'').
text('IF-Part',text('dft type'),'MN').
text('IF-Part',text,'\' ~ dft_type').
```

```
text('THEN-Part',text('THEN-Part begin'),'THEN').
text('THEN-Part',text(nl),nl).
text('THEN-Part',text,'      for_all ').
text('THEN-Part',idt(cis),'Tk').
text('THEN-Part',text,' ~ ').
text('THEN-Part',text(ttype),cis).
text('THEN-Part',text(nl),nl).
text('THEN-Part',text(for_all),'     for_all ').
text('THEN-Part',idt(pis),'Tj').
text('THEN-Part',text,' ~ idr[').
text('THEN-Part',text(terminal),'Tk').
text('THEN-Part',text,,).
text('THEN-Part',text('idr type'),1).
text('THEN-Part',text,']').
text('THEN-Part',text(nl),nl).
text('TEST-Part',text('TEST-Part begin'),'TEST').
text('TEST-Part',text(nl),nl).
text('TEST-Part',text(bool(not)),'     not').
text('TEST-Part',text(exists),' exists ').
text('TEST-Part',sig,'P').
text('TEST-Part',text(elemof),' ~').
text('TEST-Part',text,' ss').
text('TEST-Part','left bracket','(').
text('TEST-Part',sigterm,'Tj').
text('TEST-Part','right bracket',')').
text('TEST-Part',setop($),' $').
text('TEST-Part',text,' ').
text('TEST-Part','primary input',pcis).
text('TEST-Part',text(cwc),' $ { ').
text('TEST-Part',sig,'S').
text('TEST-Part',text(cwc),' | ').
text('TEST-Part',text(cwc),'S').
text('TEST-Part',text(cwc),' ~ ss(').
text('TEST-Part',text(cwc),'Tk').
text('TEST-Part',text(cwc),') $ pcis and ').
text('TEST-Part',text(cwc),'S').
text('TEST-Part',text(cwc),'.in = {} }').
text('TEST-Part',text,' :').
text('TEST-Part',text,' ').
text('TEST-Part',text(direct),'P').
text('TEST-Part',text,'.in = {}').
text('DFT-Rule',end,;).
```

Anhang B

Implementierung der Inferenzkomponente

```
/****** MODUL: SHELL INFERENCE *******/

/*** Startpraedikat ***/

    start :-
       refresh_database,
       actual_message_line,
       label_softkeys,
       show_version,
       interrupt( OLD_INTERRUPT_MODE, off),
       clause( leite_ab( OBJECT, ATTRIBUTE, VALUE), _),

          /*** Umschalter vom aktiven auf's passive backtrack ***/
          repeat,
          make_backtrack_passive,

       wenn( OBJECT, ATTRIBUTE, VALUE),
       interrupt( _, OLD_INTERRUPT_MODE),
       screen(clear).

/*** refresh database ***/

    refresh_database :-
       abolish( fact,4),              /* Fakten                     */
       abolish( fact_,4),             /* Backtrack-Fakten (nur vorhanden */
                                      /* nach unsachgemaessem Abbruch) */
       abolish( text,3),              /* DFT-Regel Text             */
       abolish( textmem, 3),          /* temporaerer Regeltext      */
       abolish( ask_number,5),        /* Benutzerantworten          */
       abolish( deduction_stack,3),   /* Ableitungsstack            */
       abolish( flag,2).              /* Flags                      */

/**********************************************************************/
/********************** inference mechanism ***********************/
/**********************************************************************/
```

```
/********************* BACKTRACKING UTILITIES *********************/

/**** backtrack positiv machen ****/

/*** Umschalter vom negativen zum positiven backtrack ***/

    make_backtrack_passive:-
        retract( flag( back, [QU,OBJECT,INSTANCE,ATTRIBUTE,active])),
        asserta( flag( back, [QU,OBJECT,INSTANCE,ATTRIBUTE,passive])),
        show_passive_backtrack_begin( QU),
        !.

/*** fuers erste mal ist nichts umzuschalten ***/

    make_backtrack_passive :-
        !.

/*** Abfrage, ob Modus = aktiver backtrack ***/
/***       diese Abrage ist contextfrei      ***/

    aktiver_backtrack:-
        clause( flag( back, [_,_,_,_,active]), _),
        !.

/*** Abfrage, ob Modus = passiver backtrack ***/
/***   diese Abfrage ist contextabhaengig   ***/

    passiver_backtrack( OBJECT, INSTANCE, ATTRIBUTE) :-
        clause( flag( back, [_,OBJECT,INSTANCE,ATTRIBUTE,passive]), _),
        !.

/***************** ABLEITUNGSSTEUERUNG *************************/

/*** Ableitung fuer Fakten, die bekannt sind, werden aus Effizienz- ***/
/*** gruenden direkt abgefragt;                                     ***/
/*** entscheidend ist immer diejenige Instance des OBJECT-ATTRIBUTE, ***/
/*** die zuletzt abgeleitet wurde;                                  ***/
/*** WICHTIG fuer Auswahl von Menues;                               ***/
/*** Schutz gegen aktiven backtrack ist unbedingt erforderlich, um  ***/
/*** Suche nach Alternativen zu verbieten;                          ***/

    wenn( OBJECT, ATTRIBUTE, KNOWNVALUE) :-
        nonvar( KNOWNVALUE),
        not( aktiver_backtrack),
        ( ( % notknown, falls noch kein Fakt abgeleitet wurde
            KNOWNVALUE = notknown,
            !,
            not(clause( fact( OBJECT, _, ATTRIBUTE, _), _))
          );
          ( % not VALUE, falls kein Fakt mit VALUE existiert
            KNOWNVALUE = known(NOTVALUE),
            nonvar( NOTVALUE),
            NOTVALUE = not(VALUE),
```

```
                !,
                not( clause( fact( OBJECT, _, ATTRIBUTE, VALUE), _))
            );
            ( % known holt letzten eingetragenen passenden Fakt und versucht
              % erfolgreich zu unifizieren
              KNOWNVALUE = known(VALUE),
              !,
              clause( fact( OBJECT, _, ATTRIBUTE, VALUEOLD), _),
              !, VALUEOLD = VALUE
            )
        ).
```

/*** Steuerung bei passivem backtrack bzw. ***/
/*** Beendigung des passiven backtracks   ***/

```
        wenn( OBJECT, ATTRIBUTE, DEDUCED_VALUE) :-
            passiver_backtrack( OBJECT, FLAG_INST_NO, ATTRIBUTE),
```

/*** Beendigung des passiven backtracks nur bei ***/
/*** Uebereinstimmung auch der Instance   ***/

```
            ( retract( flag( instance_counter, OLD_INST_NO))
            ; ( not( clause( flag( instance_counter, _), _)),
                OLD_INST_NO = 0
              )
            ),
            NEW_INST_NO is OLD_INST_NO + 1,
```

/*** wenn gewuenschte Stelle im Ableitungsfluss erreicht ***/
/*** ist, so erfolgt Umschaltung auf normale Ableitung   ***/

```
            ( ( NEW_INST_NO = FLAG_INST_NO,
                retract( flag( back, [QUEST,OBJECT,I,ATTRIBUTE,passive])),
                asserta( flag( back, [QUEST,OBJECT,I,ATTRIBUTE,finished])),
                show_passive_backtrack_end
              );
```

/*** ... sonst erhoehe Instancenzaehler um eins und faile ***/

```
              ( NEW_INST_NO \= FLAG_INST_NO,
                set_flag( instance_counter, NEW_INST_NO)
              )
            ),
            fail,
            !.
```

/*** 'normale' Ablaufsteuerung ***/

```
        wenn( OBJECT, ATTRIBUTE, VALUE) :-

            not( aktiver_backtrack),
```

/*** hohle neue Attribut-Instance durch Blick auf Fakten ***/

```
        get_new_inst( OBJECT, INSTANCE, ATTRIBUTE),

        /*** leite nun ab ... ***/
        /*** falls 'known' abgeleitet wurde, so lasse DEDUCED_VALUE ***/
        /*** uninstanziiert (d.h. jeder Wert wird im folgenden zu-  ***/
        /*** gelassen)                                              ***/

        deduce( OBJECT, INSTANCE, ATTRIBUTE, DEDUCED_VALUE),
        ( ( DEDUCED_VALUE = known
          );
          ( not( DEDUCED_VALUE = known),
            !,
            VALUE = DEDUCED_VALUE
          )
        ),

        /*** nach jeder Ableitung schaue nach, ob FORWARD-Regeln 'packen' ***/

        look_after_FORWARD_rules,
        !.

/******************* ABLEITUNGSMECHANISMUS ************************/

/*** deduce 1): tracer ***/

    deduce( OBJECT, INSTANCE, ATTRIBUTE, VALUE) :-
        clause( tracer_mode( yes), _),
        print( [ ' TRACING  TRYING ', OBJECT, '-', INSTANCE, ' . ', ATTRIBUTE]),
        ( ( nonvar( VALUE),
            print( [ ' = ', VALUE])
          );
          var( VALUE)
        ),
        nl(1),
        fail,
        !.

/*** deduce 2): schon bekannt ? ***/

    deduce( OBJECT, INSTANCE, ATTRIBUTE, VALUE) :-
        ( /*** im Falle des passiven backtracks ***/
          ( retract( fact_( OBJECT, INSTANCE, ATTRIBUTE, VALUE)),
            asserta( fact( OBJECT, INSTANCE, ATTRIBUTE, VALUE)),
            show_passive_backtrack_during( OBJECT, INSTANCE, ATTRIBUTE, VALUE)
          );
          /*** ... oder ganz normal ***/
          clause( fact( OBJECT, INSTANCE, ATTRIBUTE, VALUE), _)
        ),

        /*** update bei passivem backtrack erforderlich ***/
        /*** ( ansonsten 'schadet' es auch nicht )      ***/
```

```
        update_deduction_stack( OBJECT, INSTANCE, ATTRIBUTE),

        !.

/*** deduce 3): Eintrag in stack, falls keine Schleife vorlag ***/
/***            und noch nicht bekannt                          ***/

    deduce( OBJECT, INSTANCE, ATTRIBUTE, _) :-
        update_deduction_stack( OBJECT, INSTANCE, ATTRIBUTE),
        fail,
        !.

/*** deduce 4): Ableitung mit Hilfe des Regelwerks ***/

    deduce( OBJECT, INSTANCE, ATTRIBUTE, VALUE) :-
        es_gilt( OBJECT, ATTRIBUTE, VALUE),
        insert_new_fact( OBJECT, INSTANCE, ATTRIBUTE, VALUE),
        !.

/*** deduce 5): wenn alles nicht hilft: generiere Userfrage   ***/
/*** muss gegen aktiven backtrack 'abgeschottet' werden, um   ***/
/*** Benutzeranfragen als Alternative zu den 'kuenstlich' ge- ***/
/*** scheiterten Regeln zu verbieten                          ***/

    deduce( OBJECT, INSTANCE, ATTRIBUTE, VALUE) :-
        not( aktiver_backtrack),
        ask( OBJECT, INSTANCE, ATTRIBUTE, VALUE).


/***************** FORWARD RULE MANAGEMENT ***********************/

    look_after_FORWARD_rules :-
        clause( 'FORWARD'( OBJECT, ATTRIBUTE, VALUE), _),
        clause( fact( OBJECT, _, ATTRIBUTE, VALUE), _),
        'FORWARD'( OBJECT, ATTRIBUTE, VALUE),
        fail.
    look_after_FORWARD_rules.



/***************************** A S K ****************************/

    ask( OBJECT, INSTANCE, ATTRIBUTE, VALUE) :-
        get_new_quest_no( QUESTION_NO),
        print_question( QUESTION_NO, OBJECT, INSTANCE, ATTRIBUTE),
        lese( ANSWER), nl(1),
        ( ( you_want_tool( QUESTION_NO, OBJECT, INSTANCE, ATTRIBUTE, ANSWER, MODE),
            ( ( MODE = repeat_quest,   /* gleiche Frage nochmals ... */
                fail
              );
              ( MODE = back,           /* Frage scheitern lassen ... */
                !, fail
              );
```

```
                MODE = next                 /* naechste Frage stellen ... */
            )
        );
        ( not( clause( flag( tool_used, [QUESTION_NO, _, active]), _)),
          gueltige_Antwort( OBJECT, INSTANCE, ATTRIBUTE, ANSWER, VALUE),
          insert_question_history( QUESTION_NO, OBJECT, INSTANCE, ATTRIBUTE, VALUE)
        )
    ),
    !.

/*** Fehlerbehandlung bzw. Vorbereitung zur Durchfuehrung des backtracks ***/

    ask( OBJECT, INSTANCE, ATTRIBUTE, VALUE) :-
        ( ( retract( flag( tool_used, [QUESTION_NO, TOOL, active])),
            asserta( flag( tool_used, [QUESTION_NO, TOOL, passive])),
          ( ( TOOL = back,
              ( ( QUESTION_NO > 1,
                  modify_stack_etc,

                  /*** das folgende fail startet das eigentliche ***/
                  /*** aktive backtracking                        ***/

                  !, fail

                );
                fail
              )
            );

              /*** alle anderen Tools erfordern Frage wieder stellen ***/

              true
          )
        );

          /*** ansonsten lag wohl einfach nur eine falsche Antwort vor ***/

          ( true
          )

        ),
        !,
        ask( OBJECT, INSTANCE, ATTRIBUTE, VALUE),
        !.

/**** Ueberpruefung einer Benutzerantwort anhand Wertebereichs- ****/
/**** angaben                                                    ****/

/*** any ANSWER ***/

    gueltige_Antwort( OBJECT, INSTANCE, ATTRIBUTE, ANSWER, NORM_ANSWER) :-
        clause( values( PN, OBJECT, INSTANCE, ATTRIBUTE, NV, VALUESLIST), _),
        values( PN, OBJECT, INSTANCE, ATTRIBUTE, NV, VALUESLIST),
```

```
( ( PN = p,
    ( member( ANSWER, VALUESLIST)
    ; member( (ANSWER,_), VALUESLIST)
    )
  );
  ( PN = n,
    not( member( ANSWER, VALUESLIST)),
    not( member( (ANSWER,_), VALUESLIST)),
    clause( keywords( KEYWORDS), _),
    !,
    not( ( member( ANSWER, KEYWORDS),
           errormsg( keyword, ANSWER)
        ) )
  )
),
!,
gueltige_Antwort_1( ANSWER, NORM_ANSWER, NV),
( ( not( clause( fact( OBJECT, INSTANCE, ATTRIBUTE, KNOWN), _)),
    insert_new_fact( OBJECT, INSTANCE, ATTRIBUTE, NORM_ANSWER)
  );
  true
),
!.


/*** ANSWER error ***/

    gueltige_Antwort( OBJECT, INSTANCE, ATTRIBUTE, OLDVALUE, NORM_VALUE) :-
      ungueltige_Antwort( OBJECT, INSTANCE, ATTRIBUTE, OLDVALUE, NORM_VALUE),
      set_flag( error, ((OBJECT,INSTANCE,ATTRIBUTE), OLDVALUE)),
      !, fail.

    ungueltige_Antwort( OBJECT, INSTANCE, ATTRIBUTE, OLDVALUE, _) :-
      errormsg( OBJECT, INSTANCE, ATTRIBUTE, OLDVALUE).
    ungueltige_Antwort( OBJECT, _, ATTRIBUTE, OLDVALUE, _) :-
      print( [ '     ERROR      ''']), write( OLDVALUE),
      print( [ ''' nicht im Wertebereich von ', nl(1),
               '     ERROR      ', OBJECT, ' . ', ATTRIBUTE, ' !', nl(2)]).

    gueltige_Antwort_1( ANSWER, ANSWER, string) :-
      !,
      gueltige_Antwort_1( ANSWER, ANSWER, identifier).
    gueltige_Antwort_1( ANSWER, ANSWER, identifier) :-
      ( only_letters_or_underscore( ANSWER)
      ; ( errormsg( atom, ANSWER),
          !, fail
        )
      ).
    gueltige_Antwort_1( ANSWER, ANSWER, integer) :-
      ( integer( ANSWER)
      ; ( errormsg( integer, ANSWER),
          !, fail
        )
      ).
```

```
        gueltige_Antwort_1( ANSWER, ANSWER, range).
        gueltige_Antwort_1( ANSWER, NV, NV).


/*** modify deduction_stack, ask_number and fact, if backtrack aktiv ***/

        modify_stack_etc :-
           delete_question_ann,
           retract( ask_number( Q1, O1, I1, A1, _)),

           /*** Wiedereintrittspunkt vom passiven backtrack in ***/
           /*** normale Ableitungsform ( mit Konsultation )     ***/
           /*** abspeichern                                     ***/

           set_flag( back, [Q1, O1, I1, A1, active]),

           /*** modifiziere facts ***/

           modify_facts,

           /*** stack, texte und keywords  vollkommen loeschen,da ***/
           /*** sie bei passivem backtrack neu abgeleitet werden  ***/

           abolish( deduction_stack, 3),
           abolish( text, 3),
           !.

/*** delete question_ann of actual question                      ***/

     delete_question_ann :-
          % get_new_quest_no gibt aktuelle Fragenummer zurueck, da noch
          % kein Eintrag erfolgte
          get_new_quest_no( QN),
          % falls Flags vorhanden sind, dann loeschen
          % betroffen sind die aktuelle und vorhergehende Frage
        ( retract( flag( question_ann, QN)); true),
        QNminus1 is QN - 1,
        ( retract( flag( question_ann, QNminus1)); true).

/*** Modifikation der Fakten                                      ***/
/*** es werden nur diejenigen Fakten nicht geloescht, die in die ***/
/*** Datenbasis direkt durch eine Benutzeranfrage gelangt sind;  ***/
/*** diese Fakten werden in das Hilfspraedikat fact_ uebertragen ***/
/*** und beim passiven backtrack nach und nach wieder zu allge-  ***/
/*** mein gueltigen Fakten (fact) umgewandelt. Dieses loest den  ***/
/*** Konflikt verschiedener Instancen desselben OBJECT-ATTRIBUTE ***/
/*** Paares, da die wenn-Abfrage aus der Regelbasis instanzen-   ***/
/*** neutral ist.                                                ***/

        modify_facts :-
           retract( fact( OBJ, INST, ATTR, _)),
           ( ( clause( ask_number( _, OBJ, INST, ATTR, NORM_VALUE), _),

              /*** asserta hier, wenn fact auch ***/
```

```
          /*** mit asserta eingetragen sind ***/

          asserta( fact_( OBJ, INST, ATTR, NORM_VALUE)),
          fail
        );
        fail
      ),
      !.
    modify_facts :-
      !.


/********************** ABLEITUNGS-TOOLS *************************/

      insert_new_fact( OBJECT, INSTANCE, ATTRIBUTE, VALUE) :-
        clause( fact( OBJECT, INSTANCE, ATTRIBUTE, VALUE), _).
      insert_new_fact( OBJECT, INSTANCE, ATTRIBUTE, VALUE) :-
        actual_message_line,
        asserta( fact( OBJECT, INSTANCE, ATTRIBUTE, VALUE)),
        ( ( nonvar( VALUE),
            trace_new_fact( OBJECT, INSTANCE, ATTRIBUTE, VALUE)
          );
          ( var( VALUE),
            trace_new_fact( OBJECT, INSTANCE, ATTRIBUTE, '<variable>')
          )
        ).

      insert_fact( OBJECT, ATTRIBUTE, VALUE) :-
        get_new_inst( OBJECT, INSTANCE, ATTRIBUTE),
        update_deduction_stack( OBJECT, INSTANCE, ATTRIBUTE),
        insert_new_fact( OBJECT, INSTANCE, ATTRIBUTE, VALUE), !.

      update_deduction_stack( OBJECT, INSTANCE, ATTRIBUTE) :-
        ( clause( deduction_stack( OBJECT, INSTANCE, ATTRIBUTE), _)
        ; asserta( deduction_stack( OBJECT, INSTANCE, ATTRIBUTE))
        ),
        !.

      trace_new_fact( OBJECT, INSTANCE, ATTRIBUTE, VALUE) :-
        ( ( clause( tracer_mode( yes), _),
            print( [ '        TRACING    NEW FACT ', OBJECT, '-', INSTANCE, ' . ',
                     ATTRIBUTE, ' = ', VALUE, nl(1)])
          );
          true
        ),
        !.

      insert_question_history( QUESTION_NO, OBJECT, INSTANCE, ATTRIBUTE, VALUE) :-
        ( ( not( clause( ask_number( QUESTION_NO, OBJECT, INSTANCE, ATTRIBUTE, _), _)),
            asserta( ask_number( QUESTION_NO, OBJECT, INSTANCE, ATTRIBUTE, VALUE))
          );
          true
        ).
```

```
print_question( QUESTION_NO, OBJECT, INSTANCE, ATTRIBUTE) :-
   ( ( tracer_mode( yes), nl(1) );
     true
   ),
   ( ( clause( question_ann( QUESTION_NO, OBJECT, INSTANCE, ATTRIBUTE), _),
       not( clause( flag( question_ann, QUESTION_NO), _)),
       question_ann( QUESTION_NO, OBJECT, INSTANCE, ATTRIBUTE),
       nl(1),
       set_flag( question_ann, QUESTION_NO)
     );
     true
   ),
   ( ( clause( question( QUESTION_NO, OBJECT, INSTANCE, ATTRIBUTE), _),
       question( QUESTION_NO, OBJECT, INSTANCE, ATTRIBUTE)
     );
     print( [ ' Frage Nummer ', fn(QUESTION_NO,2), ' : Was ist ',
             ATTRIBUTE, ' von ', OBJECT, '-', INSTANCE, ' ?  '])
   ),
   !.

get_new_inst( OBJECT, INSTANCE, ATTRIBUTE) :-
   ( ( clause( deduction_stack( OBJECT, INST, ATTRIBUTE), _),
       INSTANCE is INST + 1
     );
     INSTANCE = 1
   ),
   !.

get_new_quest_no( NEW_QUESTION_NO) :-
   ( ( clause( ask_number( QUESTION_NO, _, _, _, _), _),
       NEW_QUESTION_NO is QUESTION_NO + 1
     )
   ; NEW_QUESTION_NO = 1
   ),
   !.
```

Anhang C

Implementierung der dynamischen Wertebereiche

```
/**** MODUL: USER TAXONOMIE ******/

/*************************** KEYWORDS *****************************/

keywords( [ ss, idr, link, pis, ppis, pos, cis, pcis, sis, psis, tis, ptis,
            tos, dft_type, descriptor_signal, input_signal, transfer_signal,
            true, false]).

/*************************** VALUES  *****************************/

values( p, 'IF-Part', INST, 'control element', 'MN',
        [ mn, 'MN', 'memory node', 'speicherndes Schaltelement', '']).
values( p, 'IF-Part', _, 'control element', 'NMN',
        [ nmn, 'NMN', 'no memory node', 'nicht-speicherndes Schaltelement']).
values( p, 'IF-Part', _, 'control element', 'PON',
        [ pon, 'PON', 'primary output node', 'primaerer Ausgangsknoten']).
values( p, 'IF-Part', _, 'control element', 'LPO',
        [ lpo, 'LPO', 'loop primary output', 'primaerer Schleifenausgang']).
values( p, 'IF-Part', _, 'control element', 'all nodes',
        [ all, alle, 'all nodes', 'jedes Schaltelement']).

values( p, 'THEN-Part', _, 'terminal type', cis,
        [ cis, clock, 'Takt', 'Takteingang', te]) :-
        clause( fact( 'IF-Part', _, 'control element', NODE), _),
        ( NODE = 'all nodes'; NODE = 'MN').
values( p, 'THEN-Part', _, 'terminal type', sis,
        [ sis, 'select input']).
values( p, 'THEN-Part', _, 'terminal type', pis,
        [ pis, 'primaere Eingaenge']).
values( p, 'THEN-Part', _, 'terminal type', tis,
        [ tis, 'test input', 'Testeingang']).

values( p, 'THEN-Part', _, 'terminals again', yes,
        [ yes, ja, y, j, '']).
values( p, 'THEN-Part', _, 'terminals again', no,
        [ no, nein, n]).
```

```
values( n, 'THEN-Part', _, identifier, identifier,
        NAME_TYPE_LIST) :-
        findall( (NAME,[(TYPE,'Input-Terminal')]),
                text( _, idt(TYPE), NAME), NAME_TYPE_LIST).

values( p, 'THEN-Part', _, 'IDR used', yes,
        [ yes, ja, y, j, '']).
values( p, 'THEN-Part', _, 'IDR used', no,
        [ no, nein, n]).

values( p, 'THEN-Part', _, 'IDR terminal 1', NAME,
        [(NAME,[(TYPE,'Input-Terminal')])]) :-
        clause( text( 'THEN-Part', idt(TYPE), NAME), _).

values( n, 'THEN-Part', _, 'IDR terminal 2', identifier,
        NAME_TYPE_LIST) :-
        findall( (NAME,[(TYPE,'Input-Terminal')]),
                text( _, idt(TYPE), NAME), NAME_TYPE_LIST).

values( p, 'THEN-Part', INSTANCE, 'IDR TYPE', ID,
        [(ID,[('IDR-Beziehung zwischen Typ',TYPE1,'und Typ',TYPE2)])]) :-
        clause( fact( 'THEN-Part', INSTANCE, 'IDR terminal 1', NAME), _),
        clause( text( 'THEN-Part', idt(TYPE1), NAME), _),
        idr( ID, _, _, TYPE1, TYPE2, _).

values( p, 'THEN-Part', _, 'IDR TYPES again', yes,
        [ yes, ja, y, j, '']).
values( p, 'THEN-Part', _, 'IDR TYPES again', no,
        [ no, nein, n]).


values( p, 'TEST-Part', _, 'main mode', 'syntax editor mode',
        [ 'syntax editor mode', syntax, syn, editor, edi, sem]).
values( p, 'TEST-Part', _, 'main mode', 'heuristic mode',
        [ 'heuristic mode', heuristic, hm, '']).

values( p, 'TEST-Part', _, 'primary input', pcis,
        [ pcis, 'primaere Takteingaenge', '']) :-
        findall( NAME, text( _, idt(cis), NAME), NL), NL \= [].
values( p, 'TEST-Part', _, 'primary input', psis,
        [ psis, 'primaere Selekteingaenge']) :-
        findall( NAME, text( _, idt(sis), NAME), NL), NL \= [].
values( p, 'TEST-Part', _, 'primary input', ppis,
        [ ppis, 'primaere Eingaenge']) :-
        findall( NAME, text( _, idt(pis), NAME), NL), NL \= [].
values( p, 'TEST-Part', _, 'primary input', ptis,
        [ ptis, 'primaere Testeingaenge']) :-
        findall( NAME, text( _, idt(tis), NAME), NL), NL \= [].
values( p, 'TEST-Part', _, 'primary input', link(VNAME),
        [ link, 'link node']) :-
        virtuell_input_terminal( VNAME, _),
        clause( fact( 'IF-Part', _, 'control element', NODE), _),
```

```
( NODE = 'PON'; NODE = 'LPO').

values( p, 'TEST-Part', _, 'input terminal', path(I,PRIM_INPUT,NAME),
        [(NAME,[(TYPE,'Input-Terminal')])]) :-
        clause( fact( 'TEST-Part', I, 'primary input', PRIM_INPUT), _), !,
        clause( text( 'THEN-Part', idt(TYPE), NAME), _),
        name( TYPE, TYPELIST), name( P_I, [112|TYPELIST]),
        ( ( clause( fact( 'TEST-Part',I,'simple path',yes), _),
            P_I = PRIM_INPUT
          );
          clause( fact( 'TEST-Part',I,'simple path',no), _)
        ),
        not(clause(fact('TEST-Part', _,'input terminal', path(I,PRIM_INPUT,NAME)),_)).
values( p, 'TEST-Part', _, 'input terminal', path(I,link(ID),VNAME),
        [(VNAME,[(VTYPE,'virtuelles Input-Terminal')])]) :-
        clause( fact( 'IF-Part', _, 'control element', NODE), _),
        ( NODE = 'LPO'; NODE = 'PON'),
        clause( fact( 'TEST-Part', I, 'primary input', link(ID)), _), !,
        virtuell_input_terminal( VNAME, VTYPE),
        not(clause(fact('TEST-Part', _,'input terminal',path(I,link(ID),VNAME)),_)).

values( p, 'TEST-Part', _, 'more terminals', no,
        [ no, nein, n]).
values( p, 'TEST-Part', _, 'more terminals', yes,
        [ yes, ja, y, j, '']) :-
        clause( fact( 'TEST-Part', _, 'simple path', yes), _), !,
        clause( fact( 'TEST-Part', I, 'primary input', PRIM_INPUT), _), !,
        values( p, 'TEST-Part', _, 'input terminal', path(I,PRIM_INPUT,_), _), !.
values( p, 'TEST-Part', _, 'more terminals', yes,
        [ yes, ja, y, j, '']) :- !,
        clause( fact( 'TEST-Part', _, 'simple path', no), _),
        clause( fact( 'TEST-Part', I, 'primary input', _), _), !,
        values( p, 'TEST-Part', _, 'input terminal', path(I,_,_), _), !.

values( p, 'TEST-Part', _, 'more $ mode', cwc,
        [ 1, 'wirksamer Takt']).
values( p, 'TEST-Part', _, 'more $ mode', union,
        [ 2, union, 'Vereinigung']).
values( p, 'TEST-Part', _, 'more $ mode', nothing,
        [ 3, 'keine Einschraenkung', '']).

values( n, 'TEST-Part', _, 'signalname of cwc', identifier,
        NAME_LIST) :-
        findall( (NAME,[(TYPE,'Input-Terminal')]),
                 text( _, idt(TYPE), NAME), NAME_TYPE_LIST),
        findall( (NAME,[('Signal-Name')]),
                 text( _, sig, NAME), NAME_SIG_LIST),
        append( NAME_TYPE_LIST, NAME_SIG_LIST, NAME_LIST).

values( p, 'TEST-Part', _, 'terminal of cwc', path(I,PRIM_INPUT,NAME),
        [(NAME,[('cis - Input-Terminal')])]) :-
        clause( text( 'THEN-Part', idt(cis), NAME), _).
```

```
values( n, 'TEST-Part', _, 'union signal', identifier,
        NAME_LIST) :-
        findall( (NAME,[(TYPE,'Input-Terminal')]),
                 text( _, idt(TYPE), NAME), NAME_TYPE_LIST),
        findall( (NAME,[('Signal-Name')]),
                 text( _, sig, NAME), NAME_SIG_LIST),
        append( NAME_TYPE_LIST, NAME_SIG_LIST, NAME_LIST).

values( p, 'TEST-Part', _, 'union terminal', path(I,PRIM_INPUT,NAME),
        [(NAME,[(TYPE,'Input-Terminal')])]) :-
        clause( text( 'THEN-Part', idt(TYPE), NAME), _).

values( p, 'TEST-Part', _, 'condition mainmode', '# path',
        [ 'Anzahl der Pfade', panz]).
values( p, 'TEST-Part', _, 'condition mainmode', '# pathorigins',
        [ 'Anzahl der Pfadeurspruenge', apfur]).
values( p, 'TEST-Part', _, 'condition mainmode', exist,
        [ 'Angaben ueber die Existenz', exist, ex]).
values( p, 'TEST-Part', _, 'condition mainmode', 'not exist',
        [ 'Angaben ueber die Nicht-Existenz', 'not exist', nex, '']).

values( n, 'TEST-Part', _, 'signal name', identifier,
        NAME_LIST) :-
        findall( (NAME,[(TYPE,'Input-Terminal')]),
                 text( _, idt(TYPE), NAME), NAME_TYPE_LIST),
        findall( (NAME,[('Signal-Name')]),
                 text( _, sig, NAME), NAME_SIG_LIST),
        append( NAME_TYPE_LIST, NAME_SIG_LIST, NAME_LIST).

values( p, 'TEST-Part', _, 'path number', integer, _).

values( p, 'TEST-Part', _, integer, integer, _).

values( p, 'TEST-Part', _, 'ask condition submode', direct,
        [ d, direkt, wirksam, 'kein zusaetzlicher Takt']).
values( p, 'TEST-Part', _, 'ask condition submode', reconv,
        [ r, reconv, 'aus 2 reconvergierenden Pfaden']).
values( p, 'TEST-Part', _, 'ask condition submode', true,
        [ t, true, 'keine Bedingung']).
values( p, 'TEST-Part', _, 'ask condition submode', 'syntax editor mode',
        [ 'syntax editor mode', syntax, syn, editor, edi, sem]).

values( p, 'TEST-Part', _, 'simple path', yes,
        [ yes, ja, y, j, '']).
values( p, 'TEST-Part', _, 'simple path', no,
        [ no, nein, n]) :-
        findall( TYPE, text( _, idt(TYPE), _), TYPE_LIST),
        uniq( TYPE_LIST, SIMPLE_TYPE_LIST),
        card( SIMPLE_TYPE_LIST, g(1)).

values( p, 'TEST-Part', _, 'repeat condition', yes,
        [ yes, ja, y, j, '']).
values( p, 'TEST-Part', _, 'repeat condition', no,
```

```
                    [ no, nein, n]).

values( p, 'TEST-Part', _, booloperand, and,
        [ and, und]).
values( p, 'TEST-Part', _, booloperand, or,
        [ or, oder]).
values( p, 'TEST-Part', _, booloperand, exor,
        [ exor, 'exklusives oder']).

values( p, 'TEST-Part', _, identifier, identifier,
        [(NAME,[(TYPE,'Terminal-Type')])]) :-
        clause( text( 'THEN-Part', idt(TYPE), NAME), _).

values( p, 'TEST-Part', _, 'TEST-Part again', yes,
        [ yes, ja, y, j, '']).
values( p, 'TEST-Part', _, 'TEST-Part again', no,
        [ no, nein, n]).

values( p, 'TEST-Part', _, 'signal 1', SIGNAL,
        [(SIGNAL,[('verbunden mit der Menge',TYPE)])]) :-
        clause( fact( 'TEST-Part', I, 'signal name', SIGNAL), _),
        clause( fact( 'TEST-Part', I, 'primary input', TYPE), _).

values( p, 'TEST-Part', INST, 'signal 2', SIGNAL,
        [(SIGNAL,[('verbunden mit der Menge',TYPE)])]) :-
                clause( fact( 'TEST-Part', I, 'signal name', SIGNAL), _),
                clause( fact( 'TEST-Part', I, 'primary input', TYPE), _),
        not ( clause( fact( 'TEST-Part', INST, 'signal 1', SIGNAL), _)).

values( p, 'TEST-Part', _, 'compare mode', origin,
        [ 1, 'Gleichheit zweier Pfadurspruenge']).
values( p, 'TEST-Part', _, 'compare mode', nothing,
        [ 2, 'keine Vergleichsangaben', '']).

values( p, 'TEST-Part', _, 'BOOLEXPR Form', range,
        [ 1, 2]).
values( p, 'TEST-Part', _, 'BOOLOP Form', range,
        [ 1, 2, 3]).
values( p, 'TEST-Part', _, 'BOOL Form', range,
        [ 1, 2, 3, 4, 5, 6, 7, 8, 9]).
values( p, 'TEST-Part', _, 'COMPOP Form', range,
        [ 1, 2, 3]).
values( p, 'TEST-Part', _, 'SETEXPR Form', range,
        [ 1, 2]).
values( p, 'TEST-Part', _, 'SETOP Form', range,
        [ 1, 2, 3, 4]).
values( p, 'TEST-Part', _, 'SET Form', range,
        [ 1, 2, 3, 4, 5, 6, 7, 8, 9]).
values( p, 'TEST-Part', _, 'SETLIST Form', range,
        [ 1, 2]).
values( p, 'TEST-Part', _, 'STATEXPR Form', range,
        [ 1, 2, 3]).
values( p, 'TEST-Part', _, 'ELEM Form', range,
```

```
          [ 1, 2, 3, 4]).
values( p, 'TEST-Part', _, 'ELEMARG Form', range,
          [ 1, 2]).
values( p, 'TEST-Part', _, 'PROJELEM Form', range,
          [ 1, 2]).
values( p, 'TEST-Part', _, 'CONST Form', range,
          [ 1, 2, 3, 4]).

values( p, 'BIBLIOTHEK', _, save, yes,
          [ yes, ja, y, j, '']).
values( p, 'BIBLIOTHEK', _, save, no,
          [ no, nein, n]).

values( p, 'BIBLIOTHEK', _, file, FILE,
          [ std, standart, FILE, '']) :-
          clause( dft_rule_file(FILE), _).
values( p, 'BIBLIOTHEK', _, file, string, _).

/**** zaehlt die Cardinalitaet eines Wertebereiches ****/

val_card( OBJECT, ATTRIBUTE, _, _, _) :-
   counter( (OBJECT,ATTRIBUTE), clear),
   list( (OBJECT,ATTRIBUTE), clear),
   get_new_inst( OBJECT, INSTANCE, ATTRIBUTE),
   values( _, OBJECT, INSTANCE, ATTRIBUTE, ANSWERS, _),
   counter( (OBJECT,ATTRIBUTE), plus( card(ANSWERS))),
   list( (OBJECT,ATTRIBUTE), append(ANSWERS)),
   fail, !.
val_card( OBJECT, ATTRIBUTE, CARD, ANSWERS, MODE) :-
   counter( (OBJECT,ATTRIBUTE), get(C)),
   list( (OBJECT,ATTRIBUTE), get(A)),
   unifyNO( CARD, C), unifyLIST( ANSWERS, A),
   ( ( nonvar(MODE), MODE = insert,
       ANSWERS = [ANSWER|_],  % nehme beliebige Antwort (hier: die erste Ant.)
       insert_fact( OBJECT, ATTRIBUTE, ANSWER),
       not( passiver_backtrack(_,_,_)),
       ( ( tracer_mode( yes), nl(1) ); true ),
       ( ( clause( question_woq( OBJECT, ATTRIBUTE, CARD, ANSWERS), _),
           question_woq( OBJECT, ATTRIBUTE, CARD, ANSWERS),
           nl
         );
         true
       )
     );
     true
   ), !.


/**** dft_text ****/

dft_text( _, []).                               /* Behandlung von Listen */
dft_text( OBJECT, [(EVENT,TEXT)|ETs]) :-
   dft_text( OBJECT, EVENT, TEXT),
   dft_text( OBJECT, ETs), !.
```

```
dft_text( OBJECT, idr(IDRno), (N1,N2)) :-        /* Spezialbehandlung fuer idr */
   ( clause( text( OBJECT, idt(T1), N1), _)
   ; virtuell_input_terminal( N1, T1)
   ),
   clause( idr( IDRno, _, _, T1, T2, _), _),
   dft_text( OBJECT, idt(T2), N2), !.
dft_text( OBJECT, EVENT, TEXT) :-                 /* Normalbehandlung */
   assertz( text( OBJECT, EVENT, TEXT)), !.
dft_text( O, E, T, before_first(OO,OE,OT)) :-  /* Eintrag vor ersten genannten Text */
   dft_text_1((O,E,T),before_first,(OO,OE,OT)), !.
dft_text( O, E, T, after_first(OO,OE,OT)) :-   /* Eintrag nach ersten genannten Text */
   dft_text_1((O,E,T),after_first,(OO,OE,OT)), !.
dft_text( O, E, T, before_last(OO,OE,OT)) :-   /* Eintrag vor letzten genannten Text */
   dft_text_1((O,E,T),before_last,(OO,OE,OT)), !.
dft_text( O, E, T, after_last(OO,OE,OT)) :-    /* Eintrag nach letzten genannten Text */
   dft_text_1((O,E,T),after_last,(OO,OE,OT)), !.

dft_text_1( OET, MODE, OOOEOT) :-
   retract( text(NO,NE,NT)),
   dft_text_11( OET, MODE, OOOEOT, (NO,NE,NT)).
dft_text_1( _, _, _) :-
   retract( textmem(O,E,T)),
   ( ( O = new, (NO,NE,NT) = T,
       assertz( text(NO,NE,NT))
     );
     ( O \= new,
       assertz( text(O,E,T))
     )
   ),
   fail.
dft_text_1( _, MODE, _) :-
   remove_flag( MODE).
dft_text_1( _, _, _) :- !.

dft_text_11( (O,E,T), after_last, (OO,OE,OT), (NO,NE,NT)) :-
   assertz( textmem(NO,NE,NT)),
   ( ( text(OO,OE,OT) = text(NO,NE,NT),
       ( retract( textmem(new,new,(O,E,T)))
       ; true
       ),
       assertz( textmem(new,new,(O,E,T)))
     );
     true
   ),
   !, fail.

dft_text_11( (O,E,T), after_first, (OO,OE,OT), (NO,NE,NT)) :-
   ( ( not(clause( flag(after,active),_)),
       assertz( textmem(NO,NE,NT)),
       text(OO,OE,OT) = text(NO,NE,NT),
       assertz( textmem(O,E,T)),
       set_flag( after, active)
     );
```

```
    ( clause( flag(after,active), _),
      assertz( textmem(NO,NE,NT))
    )
  ),
  !, fail.

dft_text_11( (O,E,T), before_last, (OO,OE,OT), (NO,NE,NT)) :-
  ( ( text(OO,OE,OT) = text(NO,NE,NT),
      ( retract( textmem(new,new,(O,E,T)))
      ; true
      ),
      assertz( textmem(new,new,(O,E,T))),
      assertz( textmem(NO,NE,NT))
    );
    assertz( textmem(NO,NE,NT))
  ),
  !, fail.

dft_text_11( (O,E,T), before_first, (OO,OE,OT), (NO,NE,NT)) :-
  ( ( not(clause( flag(before,active),_)),
      text(OO,OE,OT) = text(NO,NE,NT),
      assertz( textmem(O,E,T)),
      assertz( textmem(NO,NE,NT)),
      set_flag( before, active)
    );
    ( not(clause( flag(before,active),_)),
      text(OO,OE,OT) \= text(NO,NE,NT),
      assertz( textmem(NO,NE,NT))
    );
    ( clause( flag(before,active), _),
      assertz( textmem(NO,NE,NT))
    )
  ),
  !, fail.
```

Anhang D

Implementierung der Wissensbasis

```
/****** MODUL: USER RULES *******/

/********** STARTOBJECT DFT-Rule **********/

es_gilt(     'DFT-Rule',   all, deduced) :-
   wenn(     'IF-Part',    all, deduced),
   wenn(     'THEN-Part',  all, deduced),
   wenn(     'TEST-Part',  all, deduced),
   dft_text( 'DFT-Rule', end, ';'),
   wenn(     'BIBLIOTHEK', all, deduced).


/********** OBJECT IF-Part **********/

es_gilt(     'IF-Part', all, deduced) :-
   dft_text( 'IF-Part', text('IF-Part begin'), 'IF'),
   dft_text( 'IF-Part', text(nl), nl),
   wenn(     'IF-Part', 'control element', TYPE),
   wenn(     'IF-Part', 'print all', deduced),
   dft_text( 'IF-Part', text(nl), nl).

es_gilt(     'IF-Part', 'print all', deduced) :-
   wenn(     'IF-Part', 'control element', known(not('all nodes'))),
   wenn(     'IF-Part', 'control element', known(TYPE)),
   dft_text( 'IF-Part', text, '       '''),
   dft_text( 'IF-Part', text('dft type'), TYPE),
   dft_text( 'IF-Part', text, ''' ~ dft_type').

es_gilt(     'IF-Part', 'print all', deduced) :-
   wenn(     'IF-Part', 'control element', known('all nodes')),
   dft_text( 'IF-Part', text, '       TRUE').

/********** OBJECT THEN-Part **********/

/**** start rule ****/

%  falls Schaltelement ein LPO- oder PON-Knoten ist, darf kein
%  Input-Terminal definiert werden, da automatisch link(1) vorhanden ist;
%  THEN-Teil wird nicht naeher spezifiziert;
```

```
es_gilt(    'THEN-Part', all, deduced) :-
   wenn(    'IF-Part',   'control element', known('LPO')),
   dft_text( 'THEN-Part', text('THEN-Part begin'), 'THEN'),
   dft_text( 'THEN-Part', text(nl), nl),
   dft_text( 'THEN-Part', text(nl), nl).

es_gilt(    'THEN-Part', all, deduced) :-
   wenn(    'IF-Part',   'control element', known('PON')),
   dft_text( 'THEN-Part', text('THEN-Part begin'), 'THEN'),
   dft_text( 'THEN-Part', text(nl), nl),
   dft_text( 'THEN-Part', text(nl), nl).

% in jedem anderen Fall erfolgt Aufruf der Regeln zur Definition von
% Terminals, optional auch ueber IDR-Beziehungen;

es_gilt(    'THEN-Part', all, deduced) :-
   dft_text( 'THEN-Part', text('THEN-Part begin'), 'THEN'),
   dft_text( 'THEN-Part', text(nl), nl),
   wenn(    'THEN-Part', terminals, deduced),
   wenn(    'THEN-Part', 'IDR TYPES', deduced).

/**** input-terminals ****/

es_gilt(    'THEN-Part', terminals, deduced) :-
   dft_text( 'THEN-Part', text, '      for_all '),
   wenn(    'THEN-Part', 'terminal type', TYPE),
   wenn(    'THEN-Part', 'TERMINAL', deduced),
   dft_text( 'THEN-Part', text(nl), nl),
   wenn(    'THEN-Part', 'terminals again', YN),
   wenn(    'THEN-Part', 'terminals repeat', deduced).

es_gilt(    'THEN-Part', 'TERMINAL', deduced) :-
   wenn(    'THEN-Part', 'terminal type', known(TTYPE)),
   wenn(    'THEN-Part', identifier, ID),
   dft_text( 'THEN-Part', idt(TTYPE), ID),
   dft_text( 'THEN-Part', text, ' ~ '),
   dft_text( 'THEN-Part', text(ttype), TTYPE).

% Uberpruefung, ob weitere Input-Terminals definiert werden sollen;

es_gilt(    'THEN-Part', 'terminals repeat', deduced) :-
   wenn(    'THEN-Part', 'terminals again', known(no)).

es_gilt(    'THEN-Part', 'terminals repeat', deduced) :-
   wenn(    'THEN-Part', 'terminals again', known(yes)),
   wenn(    'THEN-Part', terminals, deduced).

/**** Behandlung der IDR-Beziehungen ****/

es_gilt(    'THEN-Part', 'IDR TYPES', deduced) :-
   wenn(    'THEN-Part', 'IDR used', YESNO),
   wenn(    'THEN-Part', 'IDR types', deduced).
```

```prolog
es_gilt(      'THEN-Part', 'IDR types', deduced) :-
   wenn(      'THEN-Part', 'IDR used', known(no)).

% falls gewuenscht, erfolgt jetzt Definition der IDR-Beziehungen;

es_gilt(      'THEN-Part', 'IDR types', deduced) :-
   wenn(      'THEN-Part', 'IDR used', known(yes)),
   wenn(      'THEN-Part', 'IDR terminal 1st', TERMINAL1),
   wenn(      'THEN-Part', 'IDR TYPE', IDRno),
   wenn(      'THEN-Part', 'IDR terminal 2', TERMINAL2),
   dft_text( 'THEN-Part', text(for_all), '      for_all '),
   dft_text( 'THEN-Part', idr(IDRno), (TERMINAL1,TERMINAL2)),
   dft_text( 'THEN-Part', text, ' ~ idr['),
   dft_text( 'THEN-Part', text(terminal), TERMINAL1),
   dft_text( 'THEN-Part', text, ','),
   dft_text( 'THEN-Part', text( 'idr type'), IDRno),
   dft_text( 'THEN-Part', text, ']'),
   dft_text( 'THEN-Part', text(nl), nl),
   wenn(      'THEN-Part', 'IDR TYPES', deduced).

% falls bisher nur genau ein Input-Terminal bekannt, so nehme dieses;

es_gilt(      'THEN-Part', 'IDR terminal 1st', TERMINAL1) :-
   val_card( 'THEN-Part', 'IDR terminal 1', e(1), [TERMINAL1], insert).

% bei mehreren Moeglichkeiten leite ueber Benutzeranfrage entsprechendes
% Input-Terminal ab;

es_gilt(      'THEN-Part', 'IDR terminal 1st', TERMINAL1) :-
   wenn(      'THEN-Part', 'IDR terminal 1', TERMINAL1).

/********* OBJECT TEST-Part *********/

/**** start rule of OBJECT TEST-Part ****/

% Wahl des gewuenschten Mode

es_gilt(      'TEST-Part', all, deduced) :-
   dft_text( 'TEST-Part', text('TEST-Part begin'), 'TEST'),
   dft_text( 'TEST-Part', text(nl), nl),
   wenn(      'TEST-Part', 'main mode', MODE),
   wenn(      'TEST-Part', 'complete TEST-Part', deduced).

/**** heuristic mode ****/

/**** start rule ****/

es_gilt(      'TEST-Part', 'complete TEST-Part', deduced) :-
   wenn(      'TEST-Part', 'main mode', known('heuristic mode')),
   wenn(      'TEST-Part', 'signal path', deduced),
   wenn(      'TEST-Part', 'use signal path', deduced),
   wenn(      'TEST-Part', 'TEST-Part again', YN),
```

157

```
    wenn(      'TEST-Part', 'TEST-Part repeat', deduced).

/**** weitere Bedingungen im TEST-Teil ? ****/

es_gilt(     'TEST-Part', 'TEST-Part repeat', deduced) :-
    wenn(      'TEST-Part', 'TEST-Part again', known(no)).

es_gilt(     'TEST-Part', 'TEST-Part repeat', deduced) :-
    wenn(      'TEST-Part', 'TEST-Part again', known(yes)),
    wenn(      'TEST-Part', booloperand, BOP),
    dft_text( 'TEST-Part', text, ' '),
    dft_text( 'TEST-Part', text(boolop(BOP)), BOP),
    dft_text( 'TEST-Part', text(nl), nl),
    wenn(      'TEST-Part', 'same origin', deduced).

% falls 2 oder mehr Signale definiert, so biete Vergleich von Signalen an

es_gilt(     'TEST-Part', 'same origin', deduced) :-
    val_card( 'TEST-Part', 'signal 1', le(1), _, _),
    wenn(      'TEST-Part', 'complete TEST-Part', deduced).

es_gilt(     'TEST-Part', 'same origin', deduced) :-
    wenn(      'TEST-Part', 'compare mode', MODE),
    wenn(      'TEST-Part', 'deduce comp', deduced).

es_gilt(     'TEST-Part', 'deduce comp', deduced) :-
    wenn(      'TEST-Part', 'compare mode', known(nothing)),
    wenn(      'TEST-Part', 'complete TEST-Part', deduced).

es_gilt(     'TEST-Part', 'deduce comp', deduced) :-
    wenn(      'TEST-Part', 'compare mode', known(origin)),
    val_card( 'TEST-Part', 'signal 1', e(2), [S1|_], insert),
    dft_text( 'TEST-Part', text, '      '),
    dft_text( 'TEST-Part', text(org_comp), S1),
    dft_text( 'TEST-Part', text, '.id = '),
    wenn(      'TEST-Part', 'deduce signal 2', deduced),
    wenn(      'TEST-Part', 'TEST-Part again', YN),
    wenn(      'TEST-Part', 'TEST-Part repeat', deduced).

es_gilt(     'TEST-Part', 'deduce comp', deduced) :-
    wenn(      'TEST-Part', 'compare mode', known(origin)),
    dft_text( 'TEST-Part', text, '      '),
    wenn(      'TEST-Part', 'signal 1', S1),
    dft_text( 'TEST-Part', text(org_comp), S1),
    dft_text( 'TEST-Part', text, '.id = '),
    wenn(      'TEST-Part', 'deduce signal 2', deduced),
    wenn(      'TEST-Part', 'TEST-Part again', YN),
    wenn(      'TEST-Part', 'TEST-Part repeat', deduced).

es_gilt(     'TEST-Part', 'deduce signal 2', deduced) :-
    wenn(      'TEST-Part', 'compare mode', known(origin)),
    val_card( 'TEST-Part', 'signal 2', e(1), [S2], insert),
    dft_text( 'TEST-Part', text(org_comp), S2),
```

```
     dft_text( 'TEST-Part', text, '.id').

es_gilt(       'TEST-Part', 'deduce signal 2', deduced) :-
     wenn(     'TEST-Part', 'compare mode', known(origin)),
     wenn(     'TEST-Part', 'signal 2', S2),
     dft_text( 'TEST-Part', text(org_comp), S2),
     dft_text( 'TEST-Part', text, '.id').


/**** path management ****/

% zusaetzlich wird erfragt, ob es sich um einen Signalpfad nur zwischen
% Terminals gleichen Typs handelt (ask simple path);

es_gilt(       'TEST-Part', 'signal path', deduced) :-
     wenn(     'TEST-Part', 'ask simple path', deduced),
     wenn(     'TEST-Part', 'select primary input', deduced),
     wenn(     'TEST-Part', 'all input terminals', deduced).

es_gilt(       'TEST-Part', 'all input terminals', deduced) :-
     wenn(     'TEST-Part', 'select input terminal', deduced),
     wenn(     'TEST-Part', 'ask more terminals', deduced),
     wenn(     'TEST-Part', 'more terminals repeat', deduced).

es_gilt(       'TEST-Part', 'ask more terminals', deduced) :-
     val_card( 'TEST-Part', 'more terminals', e(1), _, insert).

es_gilt(       'TEST-Part', 'ask more terminals', deduced) :-
     wenn(     'TEST-Part', 'more terminals', YN).

es_gilt(       'TEST-Part', 'more terminals repeat', deduced) :-
     wenn(     'TEST-Part', 'more terminals', known(no)).

es_gilt(       'TEST-Part', 'more terminals repeat', deduced) :-
     wenn(     'TEST-Part', 'more terminals', known(yes)),
     wenn(     'TEST-Part', 'all input terminals', deduced).

% falls zuvor nur Input-Terminals eines Types definiert wurden, so
% entfaellt die Anfrage nach dem primaren Input-Terminal-Set;

es_gilt(       'TEST-Part', 'select primary input', deduced) :-
     val_card( 'TEST-Part', 'primary input', e(1), _, insert).

% bei mehreren Moeglichkeiten muss hingegen der Benutzer gefragt werden;

es_gilt(       'TEST-Part', 'select primary input', deduced) :-
     wenn(     'TEST-Part', 'primary input', PRIM_INPUT).

% falls Terminals verschiedener Typen definiert wurden, so muss der
% User bestimmen, ob es sich um einen einfachen Pfad handelt (d.h.
% Pfad enthaelt nur Terminals eines Typs) oder ob auch verschiedene
% Terminal-Types innerhalb des Pfades zugelassen werden;

es_gilt(       'TEST-Part', 'ask simple path', deduced) :-
```

```
    val_card( 'TEST-Part', 'simple path', e(1), _, insert).

es_gilt(     'TEST-Part', 'ask simple path', deduced) :-
    wenn(     'TEST-Part', 'simple path', YN).


% auch bei der Auswahl der eigentlichen Input-Terminals wird zuerst
% nachgeprueft, ob sich ggf. eine Befragung eruebrigt;

es_gilt(     'TEST-Part', 'select input terminal', deduced) :-
    ( val_card(     'TEST-Part', 'input terminal', e(1), [path(_,_,IT)], insert)
    ; wenn(     'TEST-Part', 'input terminal', path(_,_,IT))
    ),
    dft_text( 'TEST-Part', text, ' ss'),
    dft_text( 'TEST-Part', 'left bracket', '('),
    dft_text( 'TEST-Part', sigterm, IT),
    dft_text( 'TEST-Part', 'right bracket', ')'),
    dft_text( 'TEST-Part', setop('$'), ' $').


/**** Spezifikation der Bedingung, die an den Signalpfad gestellt wird ****/

es_gilt(     'TEST-Part', 'use signal path', deduced) :-
    wenn(     'TEST-Part', 'primary input', known(PI)),
    dft_text( 'TEST-Part', text, ' '),
    dft_text( 'TEST-Part', 'primary input', PI),
    wenn(     'TEST-Part', 'more $ mode', MM),
    wenn(     'TEST-Part', 'more $', deduced),
    wenn(     'TEST-Part', 'condition mainmode', MODE),
    wenn(     'TEST-Part', 'signalpath construction', deduced),
    wenn(     'TEST-Part', 'condition submode', deduced),
    wenn(     'TEST-Part', 'condition end', deduced).


/**** gegebenenfalls weitere Einschraenkungen des Pfades durch ****/
/**** sogenannten "eckigen Durchschnitt" (geschrieben als "$") ****/

es_gilt(     'TEST-Part', 'more $', deduced) :-
    wenn(     'TEST-Part', 'more $ mode', known(cwc)),
    wenn(     'TEST-Part', 'signalname of cwc', CWCSIG),
    ( val_card( 'TEST-Part', 'terminal of cwc', e(1), [path(_,_,CWCTERM)], insert)
    ; wenn(     'TEST-Part', 'terminal of cwc', path(_,_,CWCTERM))
    ),
    dft_text( 'TEST-Part', text(cwc), ' $ { '),
    dft_text( 'TEST-Part', sig, CWCSIG),
    dft_text( 'TEST-Part', text(cwc), ' | '),
    dft_text( 'TEST-Part', text(cwc), CWCSIG),
    dft_text( 'TEST-Part', text(cwc), ' ~ ss('),
    dft_text( 'TEST-Part', text(cwc), CWCTERM),
    dft_text( 'TEST-Part', text(cwc), ') $ pcis and '),
    dft_text( 'TEST-Part', text(cwc), CWCSIG),
    dft_text( 'TEST-Part', text(cwc), '.in = {} }').


es_gilt(     'TEST-Part', 'more $', deduced) :-
    wenn(     'TEST-Part', 'more $ mode', known(union)),
    wenn(     'TEST-Part', 'union signal', UNISIG),
```

```
    wenn(      'TEST-Part', 'union terminal', path(_,_,UNITERM))),
    dft_text( 'TEST-Part', text(union), ' $ # '),
    dft_text( 'TEST-Part', sig, UNISIG),
    dft_text( 'TEST-Part', text(union), ' ~ ss('),
    dft_text( 'TEST-Part', text(union), UNITERM),
    dft_text( 'TEST-Part', text(union), ') '),
    dft_text( 'TEST-Part', text(union), UNISIG),
    dft_text( 'TEST-Part', text(union), '.in').

es_gilt(    'TEST-Part', 'more $', deduced) :-
    wenn(      'TEST-Part', 'more $ mode', known(nothing)).

/**** Signalpfad wird wie gewuenscht zusammengesetzt ****/

es_gilt(    'TEST-Part', 'signalpath construction', deduced) :-
    wenn(      'TEST-Part', 'condition mainmode', known(exist)),
    dft_text( 'TEST-Part', text(exists), '     exists ',
       after_last( 'TEST-Part', text(nl), nl)),
    wenn(      'TEST-Part', 'signal name', NAME),
    dft_text( 'TEST-Part', sig, NAME,
       after_last( 'TEST-Part', text(exists), '     exists ')),
    dft_text( 'TEST-Part', text(elemof), ' ~',
       after_last( 'TEST-Part', sig, NAME)),
    dft_text( 'TEST-Part', text, ' :').

es_gilt(    'TEST-Part', 'signalpath construction', deduced) :-
    wenn(      'TEST-Part', 'condition mainmode', known('not exist')),
    dft_text( 'TEST-Part', text(bool(not)), '      not',
       after_last( 'TEST-Part', text(nl), nl)),
    dft_text( 'TEST-Part', text(exists), ' exists ',
       after_last( 'TEST-Part', text(bool(not)), '      not')),
    wenn(      'TEST-Part', 'signal name', NAME),
    dft_text( 'TEST-Part', sig, NAME,
       after_last( 'TEST-Part', text(exists), ' exists ')),
    dft_text( 'TEST-Part', text(elemof), ' ~',
       after_last( 'TEST-Part', sig, NAME)),
    dft_text( 'TEST-Part', text, ' :').

es_gilt(    'TEST-Part', 'signalpath construction', deduced) :-
    wenn(      'TEST-Part', 'condition mainmode', known('# path')),
    wenn(      'TEST-Part', 'path number', PNO),
    dft_text( 'TEST-Part', text, '          ',
       after_last( 'TEST-Part', text(nl), nl)),
    dft_text( 'TEST-Part', 'path number', PNO,
       after_last( 'TEST-Part', text, '          ')),
    dft_text( 'TEST-Part', text, ' = # { ',
       after_last( 'TEST-Part', 'path number', PNO)),
    wenn(      'TEST-Part', 'signal name', NAME),
    dft_text( 'TEST-Part', sig, NAME,
       after_last( 'TEST-Part', text, ' = # { ')),
    dft_text( 'TEST-Part', text, ' | ',
       after_last( 'TEST-Part', sig, NAME)),
    dft_text( 'TEST-Part', 'signal name', NAME,
```

```
        after_last( 'TEST-Part', text, ' | ')),
    dft_text( 'TEST-Part', text(elemof), ' ~',
        after_last( 'TEST-Part', 'signal name', NAME)),
    dft_text( 'TEST-Part', text(bool(and)), ' and').

es_gilt(     'TEST-Part', 'signalpath construction', deduced) :-
    wenn(     'TEST-Part', 'condition mainmode', known('# pathorigins')),
    wenn(     'TEST-Part', 'path number', PNO),
    dft_text( 'TEST-Part', text, '        ',
        after_last( 'TEST-Part', text(nl), nl)),
    dft_text( 'TEST-Part', 'path number', PNO,
        after_last( 'TEST-Part', text, '        ')),
    dft_text( 'TEST-Part', text, ' = # { ',
        after_last( 'TEST-Part', 'path number', PNO)),
    wenn(     'TEST-Part', 'signal name', NAME),
    dft_text( 'TEST-Part', sig, NAME,
        after_last( 'TEST-Part', text, ' = # { ')),
    dft_text( 'TEST-Part', text, '.id | ',
        after_last( 'TEST-Part', sig, NAME)),
    dft_text( 'TEST-Part', 'signal name', NAME,
        after_last( 'TEST-Part', text, '.id | ')),
    dft_text( 'TEST-Part', text(elemof), ' ~',
        after_last( 'TEST-Part', 'signal name', NAME)),
    dft_text( 'TEST-Part', text(bool(and)), ' and').

/**** condition submode bestimmt Bedingung ****/

es_gilt(     'TEST-Part', 'condition submode', deduced) :-
    wenn(     'TEST-Part', 'ask condition submode', SUBMODE),
    wenn(     'TEST-Part', condition, deduced),
    wenn(     'TEST-Part', 'repeat condition', YN),
    wenn(     'TEST-Part', 'more conditions', deduced).

es_gilt(     'TEST-Part', 'more conditions', deduced) :-
    wenn(     'TEST-Part', 'repeat condition', known(no)).

es_gilt(     'TEST-Part', 'more conditions', deduced) :-
    wenn(     'TEST-Part', 'repeat condition', known(yes)),
    wenn(     'TEST-Part', booloperand, BOP),
    dft_text( 'TEST-Part', text, ' '),
    dft_text( 'TEST-Part', text(boolop(BOP)), BOP),
    wenn(     'TEST-Part', 'condition submode', deduced).

es_gilt(     'TEST-Part', condition, deduced) :-
    wenn(     'TEST-Part', 'ask condition submode', known(direct)),
    wenn(     'TEST-Part', 'signal name', known(SIGNAME)),
    dft_text( 'TEST-Part', text, ' '),
    dft_text( 'TEST-Part', text(direct), SIGNAME),
    dft_text( 'TEST-Part', text, '.in = {}').

es_gilt(     'TEST-Part', condition, deduced) :-
    wenn(     'TEST-Part', 'ask condition submode', known(reconv)),
    dft_text( 'TEST-Part', text(reconv), ' * ~ '),
```

```
      wenn(     'TEST-Part', 'signal name', known(SIGNAME)),
      dft_text( 'TEST-Part', text(direct), SIGNAME),
      dft_text( 'TEST-Part', text, '.av').

  es_gilt(      'TEST-Part', condition, deduced) :-
      wenn(     'TEST-Part', 'ask condition submode', known(true)),
      dft_text( 'TEST-Part', text(true), ' true').

  es_gilt(      'TEST-Part', condition, deduced) :-
      wenn(     'TEST-Part', 'ask condition submode', known('syntax editor mode')),
      wenn(     'TEST-Part', boolexpr, deduced).


  /**** condition end schliesst eventuell noch Klammern ****/

  es_gilt(      'TEST-Part', 'condition end', deduced) :-
      wenn(     'TEST-Part', 'condition mainmode', known(exist)).

  es_gilt(      'TEST-Part', 'condition end', deduced) :-
      wenn(     'TEST-Part', 'condition mainmode', known('not exist')).

  es_gilt(      'TEST-Part', 'condition end', deduced) :-
      wenn(     'TEST-Part', 'condition mainmode', known('# path')),
      dft_text( 'TEST-Part', text, ' }').

  es_gilt(      'TEST-Part', 'condition end', deduced) :-
      wenn(     'TEST-Part', 'condition mainmode', known('# pathorigins')),
      dft_text( 'TEST-Part', text, ' }').


  /**** syntax editor mode ****/

  /**** start rule ****/

  es_gilt(      'TEST-Part', 'complete TEST-Part', deduced) :-
      wenn(     'TEST-Part', 'main mode', known('syntax editor mode')),
      wenn(     'TEST-Part', boolexpr, deduced).


  /**** boolexpr ****/

  es_gilt(      'TEST-Part', boolexpr, deduced) :-
      wenn(     'TEST-Part', 'BOOLEXPR Form', NO),
      wenn(     'TEST-Part', 'BOOLEXPR', deduced).

  es_gilt(      'TEST-Part', 'BOOLEXPR', deduced) :-
      wenn(     'TEST-Part', 'BOOLEXPR Form', known(1)),
      wenn(     'TEST-Part', bool, deduced).

  es_gilt(      'TEST-Part', 'BOOLEXPR', deduced) :-
      wenn(     'TEST-Part', 'BOOLEXPR Form', known(2)),
      wenn(     'TEST-Part', bool, deduced),
      wenn(     'TEST-Part', boolop, deduced),
      wenn(     'TEST-Part', bool, deduced).


  /**** boolop ****/
```

```
es_gilt(      'TEST-Part', boolop, deduced) :-
   wenn(      'TEST-Part', 'BOOLOP Form', NO),
   wenn(      'TEST-Part', 'BOOLOP', deduced).

es_gilt(      'TEST-Part', 'BOOLOP', deduced) :-
   wenn(      'TEST-Part', 'BOOLOP Form', known(1)),
   dft_text( 'TEST-Part', text(boolop(and)), ' and').

es_gilt(      'TEST-Part', 'BOOLOP', deduced) :-
   wenn(      'TEST-Part', 'BOOLOP Form', known(2)),
   dft_text( 'TEST-Part', text(boolop(or)), ' or').

es_gilt(      'TEST-Part', 'BOOLOP', deduced) :-
   wenn(      'TEST-Part', 'BOOLOP Form', known(3)),
   dft_text( 'TEST-Part', text(boolop(exor)), ' exor').

/**** bool ****/

es_gilt(      'TEST-Part', bool, deduced) :-
   wenn(      'TEST-Part', 'BOOL Form', NO),
   wenn(      'TEST-Part', 'BOOL', deduced).

es_gilt(      'TEST-Part', 'BOOL', deduced) :-
   wenn(      'TEST-Part', 'BOOL Form', known(1)),
   dft_text( 'TEST-Part', text('left bracket'), ' ('),
   wenn(      'TEST-Part', boolexpr, deduced),
   dft_text( 'TEST-Part', text('right bracket'), ')').

es_gilt(      'TEST-Part', 'BOOL', deduced) :-
   wenn(      'TEST-Part', 'BOOL Form', known(2)),
   dft_text( 'TEST-Part', text(bool(true)), ' 1').

es_gilt(      'TEST-Part', 'BOOL', deduced) :-
   wenn(      'TEST-Part', 'BOOL Form', known(3)),
   dft_text( 'TEST-Part', text(bool(false)), ' 0').

es_gilt(      'TEST-Part', 'BOOL', deduced) :-
   wenn(      'TEST-Part', 'BOOL Form', known(4)),
   dft_text( 'TEST-Part', text(bool(not)), ' not'),
   wenn(      'TEST-Part', boolexpr, deduced).

es_gilt(      'TEST-Part', 'BOOL', deduced) :-
   wenn(      'TEST-Part', 'BOOL Form', known(5)),
   dft_text( 'TEST-Part', text(for_all), ' for_all'),
   wenn(      'TEST-Part', elem, deduced),
   dft_text( 'TEST-Part', text(elemof), ' ~'),
   wenn(      'TEST-Part', setexpr, deduced),
   wenn(      'TEST-Part', boolexpr, deduced).

es_gilt(      'TEST-Part', 'BOOL', deduced) :-
   wenn(      'TEST-Part', 'BOOL Form', known(6)),
   dft_text( 'TEST-Part', text(exists), ' exists'),
```

```
   wenn(      'TEST-Part', elem, deduced),
   dft_text( 'TEST-Part', text(elemof), ' ~'),
   wenn(      'TEST-Part', setexpr, deduced),
   dft_text( 'TEST-Part', text, ' :'),
   wenn(      'TEST-Part', boolexpr, deduced).

es_gilt(     'TEST-Part', 'BOOL', deduced) :-
   wenn(      'TEST-Part', 'BOOL Form', known(7)),
   wenn(      'TEST-Part', const, deduced),
   dft_text( 'TEST-Part', text('left bracket'), ' ('),
   wenn(      'TEST-Part', elemarg, deduced),
   dft_text( 'TEST-Part', text('right bracket'), ' )').

es_gilt(     'TEST-Part', 'BOOL', deduced) :-
   wenn(      'TEST-Part', 'BOOL Form', known(8)),
   wenn(      'TEST-Part', elem, deduced),
   dft_text( 'TEST-Part', text(elemof), ' ~'),
   wenn(      'TEST-Part', setexpr, deduced).

es_gilt(     'TEST-Part', 'BOOL', deduced) :-
   wenn(      'TEST-Part', 'BOOL Form', known(9)),
   wenn(      'TEST-Part', setexpr, deduced),
   wenn(      'TEST-Part', compop, deduced),
   wenn(      'TEST-Part', setexpr, deduced).

/**** compop ****/

es_gilt(     'TEST-Part', compop, deduced) :-
   wenn(      'TEST-Part', 'COMPOP Form', NO),
   wenn(      'TEST-Part', 'COMPOP', deduced).

es_gilt(     'TEST-Part', 'COMPOP', deduced) :-
   wenn(      'TEST-Part', 'COMPOP Form', known(1)),
   dft_text( 'TEST-Part', text(compop(eq)), ' =').

es_gilt(     'TEST-Part', 'COMPOP', deduced) :-
   wenn(      'TEST-Part', 'COMPOP Form', known(2)),
   dft_text( 'TEST-Part', text(compop(lt)), ' <').

es_gilt(     'TEST-Part', 'COMPOP', deduced) :-
   wenn(      'TEST-Part', 'COMPOP Form', known(3)),
   dft_text( 'TEST-Part', text(compop(gt)), ' >').

/**** setexpr ****/

es_gilt(     'TEST-Part', setexpr, deduced) :-
   wenn(      'TEST-Part', 'SETEXPR Form', NO),
   wenn(      'TEST-Part', 'SETEXPR', deduced).

es_gilt(     'TEST-Part', 'SETEXPR', deduced) :-
   wenn(      'TEST-Part', 'SETEXPR Form', known(1)),
   wenn(      'TEST-Part', set, deduced).
```

```prolog
es_gilt(    'TEST-Part', 'SETEXPR', deduced) :-
   wenn(    'TEST-Part', 'SETEXPR Form', known(2)),
   wenn(    'TEST-Part', set, deduced),
   wenn(    'TEST-Part', setop, deduced),
   wenn(    'TEST-Part', setexpr, deduced).

/**** setop ****/

es_gilt(    'TEST-Part', setop, deduced) :-
   wenn(    'TEST-Part', 'SETOP Form', NO),
   wenn(    'TEST-Part', 'SETOP', deduced).

es_gilt(    'TEST-Part', 'SETOP', deduced) :-
   wenn(    'TEST-Part', 'SETOP Form', known(1)),
   dft_text( 'TEST-Part', text(setop('+')), ' +').

es_gilt(    'TEST-Part', 'SETOP', deduced) :-
   wenn(    'TEST-Part', 'SETOP Form', known(2)),
   dft_text( 'TEST-Part', text(setop('\\')), ' \\').

es_gilt(    'TEST-Part', 'SETOP', deduced) :-
   wenn(    'TEST-Part', 'SETOP Form', known(3)),
   dft_text( 'TEST-Part', text(setop('-')), ' -').

es_gilt(    'TEST-Part', 'SETOP', deduced) :-
   wenn(    'TEST-Part', 'SETOP Form', known(4)),
   dft_text( 'TEST-Part', text(setop('$')), ' $').

/**** set ****/

es_gilt(    'TEST-Part', set, deduced) :-
   wenn(    'TEST-Part', 'SET Form', NO),
   wenn(    'TEST-Part', 'SET', deduced).

es_gilt(    'TEST-Part', 'SET', deduced) :-
   wenn(    'TEST-Part', 'SET Form', known(1)),
   dft_text( 'TEST-Part', text('left bracket'), ' ('),
   wenn(    'TEST-Part', setexpr, deduced),
   dft_text( 'TEST-Part', text('rigth bracket'), ' )').

es_gilt(    'TEST-Part', 'SET', deduced) :-
   wenn(    'TEST-Part', 'SET Form', known(2)),
   dft_text( 'TEST-Part', text(number), ' #'),
   wenn(    'TEST-Part', elem, deduced),
   dft_text( 'TEST-Part', text(elemof), ' ~'),
   wenn(    'TEST-Part', setexpr, deduced),
   wenn(    'TEST-Part', setexpr, deduced).

es_gilt(    'TEST-Part', 'SET', deduced) :-
   wenn(    'TEST-Part', 'SET Form', known(3)),
   dft_text( 'TEST-Part', text(number), ' #'),
   wenn(    'TEST-Part', setexpr, deduced).
```

```
es_gilt(      'TEST-Part', 'SET', deduced) :-
   wenn(      'TEST-Part', 'SET Form', known(4)),
   dft_text( 'TEST-Part', text('empty set'), ' {}').

es_gilt(      'TEST-Part', 'SET', deduced) :-
   wenn(      'TEST-Part', 'SET Form', known(5)),
   dft_text( 'TEST-Part', text('left set bracket'), ' {'),
   wenn(      'TEST-Part', const, deduced),
   dft_text( 'TEST-Part', text('right set bracket'), ' } with'),
   wenn(      'TEST-Part', statexpr, deduced).

es_gilt(      'TEST-Part', 'SET', deduced) :-
   wenn(      'TEST-Part', 'SET Form', known(6)),
   dft_text( 'TEST-Part', text('left set bracket'), ' {'),
   wenn(      'TEST-Part', const, deduced),
   dft_text( 'TEST-Part', text, ' |'),
   wenn(      'TEST-Part', const, deduced),
   dft_text( 'TEST-Part', text(elemof), ' ~'),
   wenn(      'TEST-Part', setexpr, deduced),
   dft_text( 'TEST-Part', text(boolop(and)), ' and'),
   wenn(      'TEST-Part', boolexpr, deduced),
   dft_text( 'TEST-Part', text('rigth set bracket'), ' }').

es_gilt(      'TEST-Part', 'SET', deduced) :-
   wenn(      'TEST-Part', 'SET Form', known(7)),
   dft_text( 'TEST-Part', text('left set bracket'), ' {'),
   wenn(      'TEST-Part', const, deduced),
   dft_text( 'TEST-Part', text, ' .'),
   wenn(      'TEST-Part', projelem, deduced),
   dft_text( 'TEST-Part', text, ' |'),
   wenn(      'TEST-Part', const, deduced),
   dft_text( 'TEST-Part', text(elemof), ' ~'),
   wenn(      'TEST-Part', setexpr, deduced),
   dft_text( 'TEST-Part', text(boolop(and)), ' and'),
   wenn(      'TEST-Part', boolexpr, deduced),
   dft_text( 'TEST-Part', text('rigth set bracket'), ' }').

es_gilt(      'TEST-Part', 'SET', deduced) :-
   wenn(      'TEST-Part', 'SET Form', known(8)),
   dft_text( 'TEST-Part', text('left set bracket'), ' {'),
   wenn(      'TEST-Part', setlist, deduced),
   dft_text( 'TEST-Part', text('rigth set bracket'), ' }').

es_gilt(      'TEST-Part', 'SET', deduced) :-
   wenn(      'TEST-Part', 'SET Form', known(9)),
   wenn(      'TEST-Part', elem, deduced).

/**** setlist ****/

es_gilt(      'TEST-Part', setlist, deduced) :-
   wenn(      'TEST-Part', 'SETLIST Form', NO),
   wenn(      'TEST-Part', 'SETLIST', deduced).
```

```
es_gilt(    'TEST-Part', 'SETLIST', deduced) :-
   wenn(    'TEST-Part', 'SETLIST Form', known(1)),
   wenn(    'TEST-Part', set, deduced).

es_gilt(    'TEST-Part', 'SETLIST', deduced) :-
   wenn(    'TEST-Part', 'SETLIST Form', known(2)),
   wenn(    'TEST-Part', set, deduced),
   dft_text( 'TEST-Part', text, ' ,'),
   wenn(    'TEST-Part', setlist, deduced).

/**** statexpr ****/

es_gilt(    'TEST-Part', statexpr, deduced) :-
   wenn(    'TEST-Part', 'STATEXPR Form', NO),
   wenn(    'TEST-Part', 'STATEXPR', deduced).

es_gilt(    'TEST-Part', 'STATEXPR', deduced) :-
   wenn(    'TEST-Part', 'STATEXPR Form', known(1)),
   dft_text( 'TEST-Part', text(all), ' all'),
   wenn(    'TEST-Part', elem, deduced),
   dft_text( 'TEST-Part', text(elemof), ' ~'),
   wenn(    'TEST-Part', setexpr, deduced),
   dft_text( 'TEST-Part', text(do), ' do'),
   wenn(    'TEST-Part', statexpr, deduced).

es_gilt(    'TEST-Part', 'STATEXPR', deduced) :-
   wenn(    'TEST-Part', 'STATEXPR Form', known(2)),
   wenn(    'TEST-Part', elem, deduced),
   dft_text( 'TEST-Part', text(assignment), ' :='),
   wenn(    'TEST-Part', setexpr, deduced).

es_gilt(    'TEST-Part', 'STATEXPR', deduced) :-
   wenn(    'TEST-Part', 'STATEXPR Form', known(3)),
   wenn(    'TEST-Part', elem, deduced),
   dft_text( 'TEST-Part', text(assignment), ' :='),
   wenn(    'TEST-Part', setexpr, deduced),
   dft_text( 'TEST-Part', text, ' ,'),
   wenn(    'TEST-Part', statexpr, deduced).

/**** elem ****/

es_gilt(    'TEST-Part', elem, deduced) :-
   wenn(    'TEST-Part', 'ELEM Form', NO),
   wenn(    'TEST-Part', 'ELEM', deduced).

es_gilt(    'TEST-Part', 'ELEM', deduced) :-
   wenn(    'TEST-Part', 'ELEM Form', known(1)),
   wenn(    'TEST-Part', const, deduced).

es_gilt(    'TEST-Part', 'ELEM', deduced) :-
   wenn(    'TEST-Part', 'ELEM Form', known(2)),
   wenn(    'TEST-Part', const, deduced),
   dft_text( 'TEST-Part', text, ' .'),
```

```
        wenn(      'TEST-Part', projelem, deduced).

es_gilt(      'TEST-Part', 'ELEM', deduced) :-
   wenn(      'TEST-Part', 'ELEM Form', known(3)),
   wenn(      'TEST-Part', const, deduced),
   dft_text( 'TEST-Part', text('left bracket'), ' ('),
   wenn(      'TEST-Part', elemarg, deduced),
   dft_text( 'TEST-Part', text('rigth bracket'), ' )').

es_gilt(      'TEST-Part', 'ELEM', deduced) :-
   wenn(      'TEST-Part', 'ELEM Form', known(4)),
   wenn(      'TEST-Part', const, deduced),
   dft_text( 'TEST-Part', text, ' ['),
   wenn(      'TEST-Part', elemarg, deduced),
   dft_text( 'TEST-Part', text, ' ]').

/**** elemarg ****/

es_gilt(      'TEST-Part', elemarg, deduced) :-
   wenn(      'TEST-Part', 'ELEMARG Form', NO),
   wenn(      'TEST-Part', 'ELEMARG', deduced).

es_gilt(      'TEST-Part', 'ELEMARG', deduced) :-
   wenn(      'TEST-Part', 'ELEMARG Form', known(1)),
   wenn(      'TEST-Part', elem, deduced).

es_gilt(      'TEST-Part', 'ELEMARG', deduced) :-
   wenn(      'TEST-Part', 'ELEMARG Form', known(2)),
   wenn(      'TEST-Part', elem, deduced),
   dft_text( 'TEST-Part', text, ' ,'),
   wenn(      'TEST-Part', elemarg, deduced).

/**** projelem ****/

es_gilt(      'TEST-Part', projelem, deduced) :-
   wenn(      'TEST-Part', 'PROJELEM Form', NO),
   wenn(      'TEST-Part', 'PROJELEM', deduced).

es_gilt(      'TEST-Part', 'PROJELEM', deduced) :-
   wenn(      'TEST-Part', 'PROJELEM Form', known(1)),
   wenn(      'TEST-Part', const, deduced).

es_gilt(      'TEST-Part', 'PROJELEM', deduced) :-
   wenn(      'TEST-Part', 'PROJELEM Form', known(2)),
   wenn(      'TEST-Part', const, deduced),
   dft_text( 'TEST-Part', text, ' . '),
   wenn(      'TEST-Part', projelem, deduced).

/**** const ****/

es_gilt(      'TEST-Part', const, deduced) :-
   wenn(      'TEST-Part', 'CONST Form', NO),
   wenn(      'TEST-Part', 'CONST', deduced).
```

```
es_gilt(     'TEST-Part', 'CONST', deduced) :-
   wenn(     'TEST-Part', 'CONST Form', known(1)),
   wenn(     'TEST-Part', 'INTEGER', INT).

es_gilt(     'TEST-Part', 'CONST', deduced) :-
   wenn(     'TEST-Part', 'CONST Form', known(2)),
   wenn(     'TEST-Part', identifier, ID).

es_gilt(     'TEST-Part', 'CONST', deduced) :-
   wenn(     'TEST-Part', 'CONST Form', known(3)),
   dft_text( 'TEST-Part', text, ' ^').

es_gilt(     'TEST-Part', 'CONST', deduced) :-
   wenn(     'TEST-Part', 'CONST Form', known(4)),
   dft_text( 'TEST-Part', text, ' *').

/**** integer ****/

es_gilt(     OBJECT, 'INTEGER', INTEGER) :-
   dft_text( OBJECT, integer, ' '),
   wenn(     OBJECT, integer, INTEGER),
   dft_text( OBJECT, integer, INTEGER).

/**** OBJECT BIBLIOTHEK ****/

es_gilt( 'BIBLIOTHEK', all, deduced) :-
   show_dft_rule,
   wenn( 'BIBLIOTHEK', save, YN),
   wenn( 'BIBLIOTHEK', 'make save', deduced).

es_gilt( 'BIBLIOTHEK', 'make save', deduced) :-
   wenn( 'BIBLIOTHEK', save, known(no)).

es_gilt( 'BIBLIOTHEK', 'make save', deduced) :-
   wenn( 'BIBLIOTHEK', save, known(yes)),
   wenn( 'BIBLIOTHEK', file, FILE),
   save_dft_rule(FILE).
```

Rückgabedatum

1 1. Jan. 1993

2 3. Sep. 02